中华经典藏书

杨春俏 译注

菜根谭

中华书局

图书在版编目（CIP）数据

菜根谭/杨春俏译注. —北京:中华书局,2016.3（2025.1 重印）
（中华经典藏书）
ISBN 978-7-101-11561-1

Ⅰ.菜…　Ⅱ.杨…　Ⅲ.①个人修养-中国-明代②《菜根谭》
-译文③《菜根谭》-注释　Ⅳ.B825

中国版本图书馆 CIP 数据核字（2016）第 032842 号

书　　名	菜根谭	
译 注 者	杨春俏	
丛 书 名	中华经典藏书	
责任编辑	张彩梅	
装帧设计	毛　淳	
责任印制	陈丽娜	
出版发行	中华书局	
	（北京市丰台区太平桥西里 38 号　100073）	
	http://www.zhbc.com.cn	
	E-mail:zhbc@zhbc.com.cn	
印　　刷	河北博文科技印务有限公司	
版　　次	2016 年 3 月第 1 版	
	2025 年 1 月第 16 次印刷	
规　　格	开本/880×1230 毫米　1/32	
	印张 9　插页 2　字数 150 千字	
印　　数	318001－328000 册	
国际书号	ISBN 978-7-101-11561-1	
定　　价	19.00 元	

前　言

　　《菜根谭》是晚明时期的一部清言小品集，长期以来并未受到国人的特别重视，只是作为众多劝世书中的一本而在世间流传。二十世纪八九十年代，海外兴起一股《菜根谭》热潮，尤其是在日本，这本语录体古籍被列为开展企业管理、行为科学等新兴学科研究和实践工作的必读参考书。随着这股热潮返回国内，《菜根谭》也逐渐受到时人关注。

　　一般认为，《菜根谭》的作者是明代文人洪应明，字自诚，号还初道人，里贯不详，生活在嘉靖、万历年间。他是一名儒生，早年热衷仕途功名，经历或目睹了宦海中的惊涛骇浪；晚年退隐山林，倾心佛门，过着普通民众的生活。《菜根谭》最初收录在明人高濂的《雅尚斋遵生八笺》中，根据该版序言，大约成书于万历十九年（1591）前后。万历三十年（1602）前，洪应明曾在南京秦淮河一带居住，写成记载"荒怪之谈"的《仙佛奇踪》，还编过几本以警句教言为内容的劝世书，不过得以流传后世并产生广泛影响的只有这本《菜根谭》。

　　从性质上看，《菜根谭》是一部格言体的人生智慧书。作者糅合了儒家的中庸与安贫乐道、道家的无为与重生轻物、释家的出世与空寂幻灭等思想观念，融入自身的体验与感悟，同时又反映时代的发展潮流、迎合民众的审美需要，把传统的道德规范推广为民众的生活准则，向人们提供修身养性、涉世待人的经验和方法。书中内容极为庞杂，"有持身语，有涉世语，有隐逸语，有显达语，有迁善语，有介节语，有仁语，有义语，有禅语，有趣语，有学道语，有见道语"（三山病夫通理

《菜根谭序》），"其谭性命直入玄微，道人情曲尽岩险"（于孔兼《菜根谭序》），从方方面面教导人们如何超越现实人生的苦难和复杂的人际关系，正心、修身、养性、育德，让自己能够正义有效而又悠闲从容地活在世间。大体来说，主要包括以下几个方面：

如何做好自己 在古代儒家知识分子的理想人生设计中，"修身"是"齐家、治国、平天下"的基础和起点，而且当"治平"理想无法实现时，陶冶身心、涵养德性、努力成为人格品性上趋于完美的君子，也可以成为士人的终极理想。《菜根谭》全书表现出对宏图大业、高情远志的消解与疏离，书中首列"修身"这一类目，此类条目约占全书篇幅的十分之一，另有一些或多或少涉及"修身"的条目，散见于其他类目之下，足见作者对"独善其身"、塑造"精金美玉的人品"的特别关注。具体来说，强调要有长远的眼光和通达的胸怀，能够"观物外之物，思身后之身"，将个体的有限生命放到历史长河中去衡量审视，确立正确的价值观念，从而看轻世俗的名利权势、浮华荣耀，忍受道义之路上的寂寞与孤独；提出了修身的系列原则，比如标准要严格（"一念过差，足丧生平之善；终身检饬，难盖一事之愆"），工夫要细密（"无事便思有闲杂念想否，有事便思有粗浮意气否；得意便思有骄矜辞色否，失意便思有怨望情怀否"），要时时检点、持之以恒等；特别强调通过静观其心、自我省察的修身方法，去除物欲、识见对心体的障蔽，恢复其明珠、明月、明镜般的本来面目，这显然受到明代中后期流行的禅宗与心学思想的影响。

如何涉世待人 虽然《菜根谭》中几乎没有任何具体时代的影子，而且除了偶尔引用明代心学先驱白沙先生陈献章、北宋理学家邵雍和唐代诗人杜甫等人的诗文作品，也绝少提到特定的人物和事件，却隐约可见明代中后期所特有的社会现实与人情世态。这一时期，政治环境黑暗恶劣，朝廷内外党派林立，权奸斗争激烈残酷；商品经济的萌芽与发展，向世人展现了空前的物质繁荣，也带了重利轻义、追逐物欲享乐等思想倾向，传统道德观念面临着严重的挑战。在《菜根谭》作者的眼中，这个世界危机重重、冰冷险恶，到处隐藏着随时可能射向自己的神弓鬼矢，到处张布着随时可能身陷其中的地网天罗；这个世界里的人们贪婪自私、阴险狡诈、冷酷无情，他们会与骨肉至亲反目成仇，会对知交好友按剑相向，会损人不利己地去污蔑中伤那些名声昭著、才德盛美的人。佛家说"世界是苦海"，存在主义哲学家萨特说"他人即地狱"，在《菜根谭》的作者看来，两者无疑皆是。作者认为，人无法控制和改变自己所生存的环境，却可以控制和改变自己待人处世的策略：要尽量活得低调谨慎，收敛光芒，掩藏才华，逃避声名，时刻提防潜伏在背后的射影之虫；要和光同尘，随俗应世，绝不能摆出一副"众人皆浊我独清，众人皆醉我独醒"的另类模样；要有包容的气度和"糊涂"的本事，"持身不可太皎洁，一切污辱垢秽要茹纳得；与人不可太分明，一切善恶贤愚要包容得"；待人要宽容和气，处事要圆融变通；要奉行恕道，懂得换位思考，能够站到别人的角度想问题；要让自己的心体如明镜止水般澄澈，意气如丽日光风般平和，用自心的圆满与宽平，去超越充满缺陷的世界、险恶邪僻的人情……这些处世技巧反映了作者对世情人性的深刻理解与认识，虽然未免有工于心计、偏于消极之嫌，但其出发点无非是苟全性命于乱世，而且即使在看透世情冷漠污浊之后，却始终要求自己尽力做个好人，其情可悯，其法可效，这是此书问世后不断被视为枕中之秘的主要原因。

如何过好生活　明代几乎自立国之初，就确立了"非科举毋得与官"的人才选拔制度，从而造就了一个空前规模的士人阶层。明朝中叶以后，日趋激烈的科场竞争粉碎了绝大多数读书人"学而优则仕"的梦想，捧着圣贤之书老死林下，成为他们注定的命运。恶劣的制度环境，也挤压了那些有幸跻身仕途者的政治生存空间，很多人或主动、或被动地选择了退隐之路。与此同时，随着商品经济的发展，传统的士文化与逐渐兴起的市民文化碰撞融合，知识分子需要重新寻找切合身份的生活方式。《菜根谭》向这些"士君子"们展现了一种自然闲适的理想生活：或隐居荒僻幽静的山林，在袅袅炉烟、悠悠茶香中品读圣贤之书，幕天席地，畅快饮酒，放浪形骸，醉卧落花，在大自然的怀抱中体悟禅机妙理；或居于红尘闹市，混迹俗世却不沾染丝毫俗气，赋诗饮酒却不迷恋清泉山石，听任他人争名逐利却不对其嘲笑鄙夷，自己过得恬静淡泊却不自炫清高。这种生活方式以超越世情俗欲之念、消解功名富贵之心、深谙知足知止之道为前提，混合了儒家的"独善其身"、道家的"和光同尘"以及禅宗的"日常生活是道"等理念，对古代知识分子颇具吸引力。当现实迫使他们生活在落魄失意之中，他们要用高雅的情调去弥补平庸生活的缺憾；当商品经济的发展向世人展现了空前物质化、世俗化的生活方式，他们也需要保持一种淡泊超逸的精神姿态，勉励自己无挂碍地走过物欲横流的俗世。

如何面对命运　古人认为，冥冥之中有个神秘的上天，主宰着人类的祸福、穷通和寿夭，决定着每一个人的命运。不过，在不同时代和不同人的观念中，这个"天"的性格表现得并不一致：他可能用无所不在的眼睛密切注视着人们的一举一动，用超越世俗的权力对人间的善恶做出终极审判，所以他是客观、公正而充满理性的；他也可能随心所欲、反复无常、冷漠无情，常常做些"播弄英雄、颠倒豪杰"的莫名其妙之事，而且不仅不能奖善惩恶，甚至让恶者得意猖狂、让善者遭遇坎坷，还喜欢利用人性弱点，布下机关陷阱，设置"钓鱼"圈套，引诱那些脆弱的人们自投罗网。《菜根谭》中对于"天"的态度充满矛盾，一方面反复强调"天之机缄不测"，流露出对"天"

的不信任感；另一方面又认为"人之精爽常通于天，天之威命即寓于人"，人只要能够克制欲望、坚定信念、居安思危、自求多福，"天亦无所用其伎俩"，人可以成为自己命运的主人。这种挣脱命运安排、"操纵在我，作息自如"、争取自由主动的意识，还是颇为鼓舞人心的。

许多人不满于《菜根谭》把人世、人事看得太冷，琢磨得太透，不满于作者或翻来覆去地唱高调，或时不时地出阴招儿，或絮絮叨叨地说些消极灰暗的人生哲理。可是，当我们设身处地站到《菜根谭》作者的角度去思考，理解了他所生活的时代、所面对的世界，就会对他所做出的人生抉择充满同情，对他勉励自己达到的人格境界充满敬意。"太阳底下从来没有新鲜事物"，这是古希腊历史学家希罗多德的一句名言，许多"老生常谈"，其实正是人生的智慧经典，《菜根谭》亦是如此。这是一部"过来人"之书，人世间的许多道理，总是要"过来"之后，回头细想，方才明白，可惜人生是无法重来的，所以前人的智慧对我们来说才更弥足珍贵。

至于"菜根"之名，作者本人未做解释，世人对此存在多种说法：

一种说法认为来自宋人汪革"人咬得菜根，则百事可做"的名言。汪革字信民，是宋代江西诗派代表人物，为人方正，生活清贫却乐在其中。南宋理学家朱熹欣赏其人其语，曾为之作批注说："学者当常以'志士不忘在沟壑'为念，则道义重而计较死生之心轻矣。况衣食至微末事，不得未必死，亦何用犯义犯分、役心役志，营营以求之耶！某观今人，因不能咬菜根而至于违其本心者众矣，可不戒哉！"蔬菜之根，通常质地粗劣、滋味寡淡，贫家以此度日，富人难以下咽。汪信民以"咬菜根"代指艰苦的生活条件，认为一个人如果能够抑制口腹之欲、忍受物质上的清贫，必能顽强地适应各种困境，从而把握人生真谛，有所成就。

洪应明的好友于孔兼则在《菜根谭序》中说："'谭'以'菜根'名，固自清苦历练中来，亦自栽培灌溉里得。"这似乎是将汪革的说法又引申一步。在他看来，"菜根"不仅代表着作者所曾经历过的种种风波险阻、清苦艰辛，也暗示着作者自警自立、自强不息的意志，所以他说"菜根中有真味也"。

到了清代乾隆年间，三山病夫通理应邀为此书重刻本作序。他老实承认自己对此书一无所知，既不知洪应明为何许人，亦不知题名"菜根"何所取义，所以只能写下自己的理解："菜之为物，日用所不可少，以其有味也；但味由根发，故凡种菜者必要厚培其根，其味乃厚。是此书所说世味及出世味，皆为培根之论，可弗重欤？又古人云：'性定菜根香。'夫菜根，弃物也，而其香非性定者莫知。如此书人多忽之，而其旨唯静心沉玩者方堪领会。"他认为，一方面，因为菜之味由根发，所以"培根"对"菜味"至关重要；书中那些人生感悟亦是修身养性的"培根之论"，所以值得世人重视。另一方面，菜根之香非性定者不能体会，此书被人忽视的命运恰如被人轻弃的菜根，所以对于书中那些平淡朴素而又通达深刻的道理，读者需要静心定性，细细玩味。

由于《菜根谭》采用了开放性的编纂形式，全书没有严密的逻辑联系，所以极大地方便了流传过程中不同刊刻者对其进行重编与补辑工作，现存版本多达二十余种，大致分为两个系统：一种不分卷，分为前、后两集，共 362 条；另一种分前、后两卷，又分为修省、应酬、评议、闲适、概论五个部分，共 408 条。现存明刻本属于前一系统，大部分清刻本属于后一系统。两个系统不仅在编排形式上差异显著，条目数量和内容亦相去甚远，仅有半数条目基本重合。总体来看，在两个版本系统中，《菜根谭》一书的性质并未发生变化，所要传达的思想也没有本质差别；前一系统的版本更接近原作面貌，后一系统相对来说更方便阅读，所以我们此次也采用后一系统中的刻本，即武进陶湘 1927 年序刻的《还初道人著书二种》之一的《菜根谭》刻本。随着时代变迁,《菜根谭》中一些观念已经显得极其消极陈腐,没有多大意义,而且书中许多条目翻来覆去表达相似的思想内容,所以我们从中精选 264 条,进行注释、翻译和点评,使之既能展示古代人的人生智慧,又贴近当代人的现实生活。

由于笔者学力有限,书中定多谬误,切望读者批评指正。

杨春俏

2016 年 1 月

目　录

修　身

　　欲做精金美玉的人品①，定从烈火中煅来；思立掀天揭地的事功②，须向薄冰上履过。

【注释】

①精金美玉：比喻纯洁完美的人或事物。精金，精炼的金属，亦指纯金。

②掀天揭地：犹言翻天覆地。比喻声势浩大或本领高强。

【译文】

　　想要成就纯金美玉的人格品行，必定要经历烈火锻炼般的磨砺；想要建立轰轰烈烈的丰功伟绩，必须要体尝过如履薄冰的艰辛。

【点评】

　　崇高品行需要经过磨炼，宏伟事业需要经受考验，此处表达的意思无非如此。作者用对仗工整的联语，上联讲修身，下联讲立事，用"精金美玉"形容人品纯洁完美，用"掀天揭地"极言功业轰轰烈烈，复以烈火烧煅、足履薄冰两个比喻，形象说明品德修养与建功立业的过程，把原本简单的意思表述得巧妙精工，这是贯穿《菜根谭》全书的特点，也是此书广为流传的原因之一。

　　一念错，便觉百行皆非，防之当如渡海浮囊①，勿容一针之罅漏②；万善全，始得一生无愧，修之当如凌云宝树③，须假众木以撑持。

【注释】

①浮囊：渡水用的气囊，以牛皮或羊皮制成，束于腋下，为人提供浮力。

②罅（xià）漏：裂缝和漏穴。

③宝树：佛教语。指七宝之树，即极乐世界中以七宝合成的树木。泛指珍奇的树木。

【译文】

假如一念之差而做了错事，便会觉得自己的所有行为都是错的，因此必须谨防差错，就像借以渡海的浮囊，不容许出现一个针尖儿大的孔洞；各种好事全都做过，方能使人一生无愧无悔，因此需要努力修行，就像西方极乐世界中凌云的七宝之树，必须凭借众多林木来支撑和护持。

【点评】

《易·系辞》说："善不积，不足以成名；恶不积，不足以灭身。"一个人不逐渐积累善德，不足以成就美名；不逐渐积累恶行，也不至于毁灭自己。古人又说："士有百行，可以功过相除。"此处却说一念之错会使百行皆错，万善齐全才能一生无愧，意在强调修身养德是慎重和恒久工夫，必须行善勿怠，除恶勿疑，"勿以恶小而为之，勿以善小而不为"。为了形象说明这个意思，作者打了两个比方：戒除错误念头，必须像提防渡海浮囊上的漏气，连针眼大小的缝隙都不能放过；勉励多行善事，因为所行的每件善事都像一株树木，最终才会支撑起凌云的宝树。

忙处事为，常向闲中先检点，过举自稀；动时念想，预从静里密操持，非心自息。

【译文】

匆忙之中的所作所为，经常用空闲时间事先检查审视，错误的举动自然就少了；行动时的意念想法，预先在安静时缜密地筹划料理，错误的想法自然就停息了。

【点评】

自省是修身的重要方法。要把自省工夫落到实处，需要主观上具有这种意识，也需要客观上的必要条件。人生中难免匆忙动荡，人在这种状态下容易忽略自省，结果往往因为忙乱中无暇细想而出现差错，因为动荡中放松自制而滋生杂念。因此，修身也要讲究"时间管理"，要有意识地充分利用闲暇时间总结经验教训，利用安静时刻消除各种杂念，一旦忙乱起来，才能从容不迫，游刃有余。

为善而欲自高胜人，施恩而欲要名结好，修业而欲惊世骇俗，植节而欲标异见奇，此皆是善念中戈矛、理路上荆棘①，最易夹带、最难拔除者也。须是涤尽渣滓，斩绝萌芽，才见本来真体。

【注释】

①戈矛：戈和矛。亦泛指兵器。此处指对善念造成伤害的因素。

【译文】

做好事却想借此抬高自己、胜过别人，施恩惠却想借

修身

三

此谋求声名、交结友好，建功立业却想以此惊世骇俗，树立节操却想以此标新立异，这些想法，都是善念中隐藏的戈矛、理路上陈列的荆棘，是最容易夹杂在人心之中、最难以拔除干净的东西。必须涤清所有私心杂念、彻底斩绝萌芽，真实的本体方能显现出来。

【点评】

修身的最大障碍来自自身，人最难战胜的正是自己。为善、施恩、修业、植节，立志修身之人都会注意在这些方面下工夫，却未必注意反思自己做这些事情的动机。如果做好事是为了显得比别人更好，施恩惠是为了拉拢与别人的关系，建功立业是为了惊世骇俗，培植品节是为了标新立异，都是动机不纯，只做表面工夫，不仅难成正果，而且可能误入歧途。更麻烦的是，这些并不纯粹的动机可能并非出于人的主观故意，而是无心夹带的结果，所以就更难发现和清除。意识到这一点，就要下定决心，处处留心，从思想上彻底斩断这些私心杂念，扫清修身立德之路上的障碍。

能轻富贵，不能轻一轻富贵之心；能重名义，又复重一重名义之念。是事境之尘氛未扫，而心境之芥蒂未忘①。此处拔除不净，恐石去而草复生矣。

【注释】

①心境：佛教语。指意识与外物。芥蒂：比喻积在心中的怨恨、不满或不快。

【译文】

能轻视富贵，却不能轻一轻艳羡富贵之心；能看重名义，却又更看重追求名义之念。这是对待具体事务的尘俗之气未能扫除，内心深处的私情杂念未能忘怀。这些念头如果不能拔除干净，恐怕就像原本压在草上的石头一旦搬走，杂草又会生长起来。

【点评】

有些人把轻视富贵挂在嘴上，甚至也有傲视权贵、仗义疏财之举，心底里却并没能真将富贵视为浮云，这是表里不一；有人声称自己看重名义，也有扶危济困、崇名重义之举，真正的动机却是让自己显得重视名义，这是沽名钓誉。要想真正成为高尚淡泊的人，必须明白到底应该"轻"什么、"重"什么，不能只做一些表面文章，要让自己真正拥有一颗纯洁正直的心。

纷扰固溺志之场①，而枯寂亦槁心之地②。故学者当栖心元默③，以宁吾真体；亦当适志恬愉，以养吾圆机④。

【注释】

①溺志：使心志沉湎其中，即扼杀志向。

②槁心：此指心情冷漠，对一切事情无动于衷。

③元默：即"玄默"，指沉静无为。

④圆机：比喻超脱是非，不为外物所拘牵。

【译文】

纷乱骚扰的热闹场固然使人沉湎其中、扼杀志向，枯燥寂寞的冷静地也会使人心情淡漠、无动于衷。故而学者应当让心灵栖息在沉静无为之中，从而使真实的自我得到安宁；也应当让自己生活得舒心适意，快快乐乐，从而摆脱任何外物的牵绊。

【点评】

此处讲的是如何选择合适的修身环境。外界环境或纷乱喧嚣，或清冷寂寞，自然会对修行者产生影响，一般而言，后者有助于保持身心的宁静与恬适。不过凡事有度，过犹不及，所以明代心学大师王阳明认为学者应以"渊默"作为总的原则，要注意摄养精神，保持气清心定、精明神澄的状态。众人嚣嚣，我独默默，中心融融，自有真乐。用"渊"养"默"，用"默"养"渊"，两相调适，才能出乎尘垢之外而与造物者游。

昨日之非不可留，留之则根烬复萌，而尘情终累乎理趣；今日之是不可执，执之则渣滓未化，而理趣反转为欲根。

【译文】

过去的错误绝对不可以保留，如若保留，残根余烬就会萌芽抽枝、死灰复燃，那样的话，尘俗之情终会累及思理情致；今天的正确绝对不可以坚执，如若坚执，沉渣余滓就会顽固难消、不能涤除，那样的话，思理情致反而转变成欲望的根苗。

【点评】

此处讲的是如何正确面对自己的错误做法与正确意见。对于过去的错误，要深刻反省、彻底消除，否则还有可能重蹈覆辙，这个道理很多人都能明白。可是人们常常忽略一点，就是对自己那些现在看起来正确的意见和做法，也不能一味坚持，否则就有可能发展出固执己见的毛病。孔子说自己要杜绝四种弊病，其中之一是"毋固"，就是这个道理。

无事便思有闲杂念想否，有事便思有粗浮意气否；得意便思有骄矜辞色否，失意便思有怨望情怀否。时时检点，到得从多入少、从有入无处，才是学问的真消息。

【译文】

没事做的时候，就反思自己是否有错乱无聊的念头和想法，有事做的时候，就反思自己是否有粗野浮躁的情绪和表现；得意的时候，就反思自己是否有骄傲自负的言辞和神色，失意的时候，就反思自己是否有怨恨不满的心绪和情怀。时时刻刻检察自己，等到上述缺点从多到少、从有到无的时候，才是学有所成的真兆头。

【点评】

北宗禅创始人神秀说过一首著名的偈语："身是菩提树，心如明镜台。时时勤拂拭，莫使惹尘埃。"心是一个明净的本身，如明镜一般，可是却会被日积月累的尘埃遮蔽光明，所以修行过程就像拂去灰尘，必须持之以恒，丝毫不能懈怠。心学大师王阳明强调"省察克治"的工夫，认为省察克治之功，一时一刻也不能间断，要通过这种自我检查，把任何不符合道德要求的私心杂念扫除净尽，就像消灭盗贼一样。此处则是强调如何在特定情境下、针对特定问题反身修己：无事可做时，容易产生闲杂念头，要反省；有事忙碌时，容易心浮气躁，要反省；春风得意时，容易傲慢骄横，要反省；失意落寞时，容易怨天尤人，要反省。在有针对性的反省过程中，逐步消除自身的缺点，就能使自己成为道德高尚的人。

立业建功，事事要从实地着脚，若少慕声闻，便成伪果；讲道修德，念念要从虚处立基，若稍计功效，便落尘情。

【译文】

创立事业、建树功勋，每一件事都要从实地落脚起步，如若稍稍贪慕名声，便都成为奸伪之举；讲求道义、修养德行，每一个心念都应从虚处建立根基，如若稍稍计虑功效，就会落入尘俗之情。

【点评】

建功立业要务实，绝不能求名，否则取得成果，也是伪果；讲道修德要务虚，绝不能计功，否则纵想超越，难脱尘世。外向的立业建功、内在的讲道修德，囊括了古代知识分子的全部理想，如能做到，简直就是"内圣外王"

的工夫；这一实一虚，从理论上说也很完美，真能做到的，又有几人？脚踏实地做事而不存有过分强烈的功名之念，加强道德修养却不以此作为沽名钓誉的工具，这是普通人比较容易达到的标准吧。

身不宜忙，而忙于闲暇之时，亦可儆惕惰气①；心不可放，而放于收摄之后②，亦可鼓畅天机③。

【注释】

①儆（jǐng）惕：戒惧。

②收摄：收聚，注意力高度集中。

③鼓畅：鼓动并使畅达。

【译文】

人的身体不宜过于忙碌，但在闲暇时让自己稍忙一点儿，却可以提醒自己戒除怠惰之气；人的心神不可过于放纵，但在精神高度集中后稍微放松一下，却可以鼓动天赋灵机，使之更加畅达充沛。

【点评】

不让身体过于忙碌，但在悠闲中，又有意识地给自己找点儿事干，以免流于怠惰散漫；不让心神过于放散，但在紧张中，又有意识地让心情放松一下，从而使自己更加精神饱满。这闲中忙、忙中闲，放中收、收中放，调节身心，张弛有度，既能励志，又能养生。

钟鼓体虚，为声闻而招击撞；麋鹿性逸①，因豢养而受羁縻②。可见名为招祸之本，欲乃散志之媒，学者不可不力为扫除也。

【注释】

①麋（mí）鹿：一指麋和鹿，一指麋。麋，哺乳动物。雄的有角，角像鹿，尾像驴，蹄像牛，颈像骆驼，但从整体来看哪一种动物都不像，所以也叫"四不像"。

②豢（huàn）养：喂养，驯养。羁縻（jīmí）：拘禁。

【译文】

钟鼓形体虚空，本来经不起多少外力，却因为声音传得远而招致撞击敲打；麋鹿天性超逸，本来喜爱自由自在的生活，却因为贪恋现成的食物而被人豢养起来。由此可见，名声是招灾惹祸的本源，欲望是消磨意志的媒介，学者不可不努力扫除名心利欲。

【点评】

钟鼓虚不受力，却因声音洪亮而遭受撞击；麋鹿性爱山林，却因贪恋食物而受人羁縻。人们从对这两种事物的观察中受到启发，认为名声会为自己招来祸患，欲望则使自己自投罗网，所以必须戒名戒欲，从而远离伤害，自由生存。庄子曾说，"泽雉十步一啄，百步一饮，不蕲畜乎樊中，神虽王，弗善也"，他是说沼泽边的野鸡走十步才能啄到一口食，走百步才能喝上一口水，可它丝毫不会祈求畜养在笼子里，因为生活在樊笼中虽然不必费力寻食，精力也很旺盛，却丧失了宝贵的自由，还有什么乐趣呢？

一点不忍的念头，是生民生物之根芽^①；一段不为的气节，是撑天撑地之柱石^②。故君子于一虫一蚁不忍伤残，一缕一丝勿容贪冒^③，便可为万物立命、天地立心矣^④。

【注释】

①生民：养民。根芽：植物的根与幼芽。比喻事物的根源、根由。

②撑天撑地：顶天立地。柱石：顶梁的柱子和垫柱的础石。

③贪冒：贪得，贪图财利。

④立命：修身养性以奉天命。立心：树立准则。

【译文】

一点不忍为害的念头，是供养人民、生长万物的根源；一段有所不为的气节，是顶天立地、支撑局面的柱石。故而君子对一只虫豸蚂蚁那样的微小生灵都不忍加以伤害，对一根蚕丝线缕那样的微小利益都不允许自己贪图，能够做到这两点，就可以为造福万物而修身养性，以奉天命，就可以为天地树立准则。

【点评】

"为生民立极，为天地立心，为万世开太平，为前圣继绝学"，这是古代士人的崇高理想。个体需要具备什么样的基本素质，才有可能实现这一理想呢？就是仁和义。具有仁民爱物之心，就能时时关心民生疾苦，从百姓的利益出发；信守廉洁自律之义，就能坚持抑制私利贪欲，坚持不懈地追求公理和正义。

东晋宰相谢安小时候，跟在剡县做县令的大哥谢奕一起生活。谢奕性情粗豪，放诞不羁，喜好饮酒。县里有位老人犯了法，罪行倒也不重，谢奕就罚他喝酒，直喝得酩酊大醉，狼狈不堪，谢奕却还要他继续喝。谢安当时只有七八岁，穿着青布裤子，坐在大哥膝边，说："哥哥，这位老伯实在可怜，哪能这么做呀！"谢奕见三弟小小年纪便心怀悲悯，很受触动，收起那副滑稽胡来的模样，一脸严肃地对他说："小家伙儿打算放了他吗？"于是把老人放了。谢安小小年纪就表现出对弱者的悲悯情怀，最终成为东晋时期最伟大的人物之一。

拨开世上尘氛①，胸中自无火炎冰兢②；消却心中鄙吝，眼前时有月到风来。

【注释】

①尘氛：犹言灰尘烟雾。亦指尘俗的气氛。

②火炎：亦作"火焰"，本指物体燃烧时所发的炽热的光华，比喻严酷的斗争环境。冰兢：《诗经·小雅·小宛》："战战兢兢，如履薄冰。"后以"冰兢"表示恐惧、谨慎之意。

【译文】

拨开世上那些尘俗气氛，胸中自然就没有如蹈烈火的严酷斗争、没有如履薄冰的戒惧谨慎；消除心中那些狭隘鄙俗的念头，眼前就常有朗月清风、不求自来的美景。

人情冷暖，世态炎凉，曾让多少人感慨喟叹！挣扎在滚滚红尘中的人们，如何才能让自己的内心不在烈火寒冰中煎熬，怎样才能怡然自得地欣赏天高云淡、风清月朗的美景？其实解脱的钥匙只在一念之间，只有消除那些鄙俗的欲念，才能在心中为"美"留下空间，才能以旷达的心胸拥抱大自然，以审美的眼光欣赏大自然。

学者动静殊操、喧寂异趣，还是煅炼未熟、心神混淆故耳。须是操存涵养①，定云止水中，有鸢飞鱼跃的景象②；风狂雨骤处，有波恬浪静的风光，才见处一化齐之妙③。

【注释】

①操存：执持心志，不使丧失。语出《孟子·告子上》："孔子曰：'操则存，舍则亡，出入无时，莫知其乡，惟心之谓与。'"涵养：修身养性。

②鸢（yuān）飞鱼跃：《诗经·大雅·旱麓》："鸢飞戾天，鱼跃于渊。"后以"鸢飞鱼跃"谓万物各得其所。鸢，鸷鸟，属猛禽类。俗称鹞鹰、老鹰。

③处一化齐：意思是说无论在何种情况下，行为举止都不发生变化。

【译文】

修学之人，如果因为情势或动荡或宁静，行为操守就有所不同；环境或喧嚣或寂寥，宗旨意趣就发生变化，仍是因为所受的磨炼还不够精熟、心志精神还存在混杂错乱的缘故。必须要执持心志、修身养性，有一种仿佛凝定的云端雄鹰飞翔、静止的水中鱼龙潜跃的景象；或有一种烈风狂吹、骤雨急泻之处波澜恬淡、浪影沉静的风光，才能显现外界万般变化、我心始终如一的妙境。

【点评】

人的行为举止随外界条件的变化而发生变化，人的思想情绪受客观环境的影响而起伏波动，这是最为常见的现象。但是致力于修身养性的人却要力戒此弊，内心要始终如一地保持平稳的节奏，保持动中有静、恬淡安然的风光。东晋大书法家王羲之的第五子王徽之和第七子王献之皆为一时名士，两人曾经同处一室，屋中忽然着火，王徽之慌忙奔避，王献之神色恬然，不慌不忙叫来仆人，挽扶他走出屋子，与平时那种从容徐缓的举止没什么两样。二人平时难分高下，临事则见差别，舆论以此评定弟弟的气量优于哥哥。

　　心是一颗明珠。以物欲障蔽之，犹明珠而混以泥沙，其洗涤犹易；以情识衬贴之^①，犹明珠而饰以银黄，其涤除最难。故学者不患垢病，而患洁病之难治；不畏事障^②，而畏理障之难除^③。

【注释】

①情识：感觉与知识，或指情欲，或指才情与识见。
②事障：佛教语，指贪、嗔、慢、无明、见、疑等之

烦恼。

③理障：佛教语，谓由邪见等理惑障碍真知、真见。

【译文】

人心像是一颗明珠。用物质享受的欲望遮蔽心灵，犹如将明珠混在泥沙之中，要洗涤干净，还比较容易；用才情识见遮蔽心灵，犹如用白银和黄金装饰明珠，要洗涤干净，那就最困难了。故而修学之人不担心泥垢污染之病，而担心洁净无尘的毛病难于医治；不害怕具体的物件障蔽心灵，而害怕邪见理惑障碍真知的毛病最难消除。

【点评】

佛教认为"一切烦恼皆由心生"，还自心以本来清净，即为悟道，北宗禅创始人神秀说"心如明镜台"，需要"时时勤拂拭，莫使惹尘埃"，就是不让尘垢污染障蔽了光明的本性。至于"障蔽"，佛教中分为事障和理障，事障使人在生死中轮转不已，理障阻碍人们觉悟正知正见。所谓"事障障凡夫，理障障菩萨"，破除理障比破除事障更为艰难。为了说明这个问题，洪应明把心比作明珠，源于物欲的事障像附着在明珠上的泥沙，容易洗涤干净，人们也愿意主动实施洗涤过程；至于那些源于知识的歪理妄见，就像镶嵌在明珠上的金银装饰，不仅难以清除，而且人们往往意识不到这种昂贵漂亮的装饰是更大的危害。

躯壳的我要看得破，则万有皆空而其心常虚，虚则义理来居；性命的我要认得真，则万理皆备而其心常实，实则物欲不入。

【译文】

作为躯壳的自我要能够看得十分透彻，这样才能看空世间万物，使自己的心灵经常处于虚空状态，心灵虚空，为人处世的正确道理才能进驻；作为本性的自我要体认得十分真切，这样诸般道理才能齐备，使自己的心灵经常处于充实状态，心灵充实，物质享受的欲望就不会侵入。

【点评】

追求义理、摒除物欲，是修身的两个重要方面，若想在任何一个方面有所成就，都要认认真真地修炼心本体。心学认为心体本空，不可添加一物，对任何东西都应该过而化之；若不能过而化之，就叫"有执"，就是被缠蔽遮障住了。去除缠蔽遮障的最有效办法就是把自己看成一个空空的躯壳，从而看空万物，让心体处于虚空状态，为义理留出空间。但是，一空百了也会流于"蹈虚病"，对治之法就是牢牢把握作为生命实体的自我，体悟到心体中本来就有天理，从而突破空虚，变得充实，以此阻挡物欲的入侵。

面上扫开十层甲，眉目才无可憎；胸中涤去数斗尘，语言方觉有味。

【译文】

脸面上清扫开十层甲壳，眉毛眼睛才不会让人觉得可厌可恨；心胸中洗涤去数斗灰尘，言辞谈吐才让人觉得充满趣味。

　　与人相处，如果缺乏应有的真诚，脸上就会罩着令人憎恶的虚伪假面，仿佛利箭穿不透的层层铠甲；与人交谈，如果没有高尚的境界，言辞就会庸俗鄙陋，让人感觉乏味不堪。只有尽力剥除虚伪的假面，彻底清除覆盖在心中的尘垢，才能让自己成为一个真诚而有品位的人。不过说来容易，行来何其难也！东晋高士刘惔任丹阳尹，著名隐士许询离开都城，跟他住在一起，住处床帷华丽，饮食丰盛，许询说："若能保全此地，实在远胜我所隐居的东山啊。"刘惔说："你若知道吉凶由人，我怎会不能保全此地呢？"刘惔的意思是说，自己崇尚清虚，对世俗功名毫不在意，绝不会自己招来祸患。王羲之当时恰好在座，认为他们的言谈或在意自身的安危享受，或标榜自己的道德节操，都是世俗之语，因此讥讽他们说："如果巢父、许由见了稷、契，应该不会说出这样的话。"刘、许二人听了都有愧色。

　　我果为洪炉大冶①，何患顽金钝铁之不可陶熔；我果为巨海长江，何患横流污渎之不能容纳②。

【注释】

①大冶：古称技术精湛的铸造金属器的工匠。

②渎（dú）：沟渠。

【译文】

如果我果真是规模宏大的熔炉、技术精湛的工匠，怎会担心不能陶铸熔炼坚硬的金属、粗劣的铁矿；如果我果真是巨大的海洋、浩瀚的长江，怎会担心不能包容收纳横溢的河流、污浊的沟渠。

【点评】

以洪炉大冶的热度熔铸任何顽金钝铁，以巨海长江的胸怀容纳所有横流污渎，这是作者希望展现给世界和世人的形象，也是作者为人处世的法则。《尚书·君陈》中说："尔无忿疾于顽，无求备于一夫。必有忍，其乃有济；有容，德乃大。"社会上到处都有形形色色不完美的人，现实中随处可见污浊丑恶的现象，一味地鄙弃和拒绝，只能永远像个"愤怒的青年"；包容他们，影响和改变他们，才是成熟者应有的风度和心态。

以积货财之心积学问，以求功名之念求道德，以爱妻子之心爱父母，以保爵位之策保国家，出此入彼，念虑只差毫末①，而超凡入圣②，人品且判星渊矣③。人胡不猛然转念哉！

【注释】

①念虑：思虑。毫末：毫毛的末端。比喻极其细微。

②超凡入圣：谓脱离凡尘，修道成仙。此指达到登峰造极、超越凡庸的境界。

③星渊：天渊，比喻差别大。

【译文】

以积累货物钱财的心思积累学问，以追求功业名声的意念追求道德，以疼爱妻子儿女的心思疼爱父母，以保全爵号官位的策略保全国家，出离此念，进入彼念，两种思虑只差毫末，却可脱离凡尘、超越凡庸，人品也会天差地别。人们为什么不猛然醒悟、转变念头呢？

【点评】

学问广博、道德高尚、孝敬父母、保卫国家，这是一个近乎完美的儒家士子。可是这高远的目标从何实现呢？洪应明认为关键在于人肯不肯去做，肯用何种心思去做。以积攒财物之心积累学问，必能持之以恒；以追求功名之念追慕道德，必能孜孜不倦；以爱恋妻子儿女之心敬爱父母，必能无微不至；以保全爵位之策保卫国家，必能深谋远虑。如此看来，做个凡夫俗子，或者成贤成圣，真的只在一念之间，可恨世人为何转不过这个念头呢？其实，《红楼梦》中跛足道人的《好了歌》说得最好："世人都晓神仙好，唯有功名忘不了"、"唯有金银忘不了"、"唯有娇妻忘不了"、"唯有儿孙忘不了"，即使忘了这几样东西就可成为长生不老、逍遥自在的神仙，世人也总是念念不忘，又怎能指望大家"猛然转念"、去做圣贤呢？

立百福之基，只在一念慈祥；开万善之门，无如寸心挹损①。

【注释】

①寸心：指心。旧时认为心的大小在方寸之间，故名。

挹（yì）损：减少，缩小。

【译文】

要建立多福的基础，只需要一念之间的慈爱和善；要打开万善的大门，还不如稍稍压抑内心的私情杂念。

【点评】

许多人都想行善积福，那么，福基由何建？善门如何开？其实答案非常简单，就在自己的心念之间。北宋名相韩琦历仕三朝，道德崇高，功勋卓著，名垂青史。他任大名府知府时，有位下属呈上公文，最后忘记署名。韩琦看完后，顺手用袖子盖住公文，抬头和他谈话，讲完后又从容地把公文交还给他。这位下属回去之后，才发现自己犯了个不小的错误，一面惭愧，一面感叹地说："韩公真是天下的盛德之人哪！"韩琦一生行善无数，可是每当听到别人有一样小善，他必定说："韩琦不如！"为善不欲人知，见善则如不及，这就是仁者与人为善之意。

事理因人言而悟者，有悟还有迷，总不如自悟之了了；意兴从外境而得者，有得还有失，总不如自得之休休。

【译文】

事理因为别人谈起才能领悟的，虽然有所领悟，但是还有迷惑，总不如自己领悟来得明白清楚；兴致因为外在事物才能获得的，虽然能够得到，但是仍会失去，总不如自己得到的悠闲安乐。

"古人学问无遗力，少壮工夫老始成。纸上得来终觉浅，绝知此事要躬行。"这是南宋大诗人陆游75岁时写给小儿子的一首诗，题目叫《冬夜读书示子聿》。诗人冬夜读书，有所感悟，对其子说：知识的获取，一是要肯花气力，二是要躬行实践。书本上得到的知识毕竟是间接的，即使牢牢记住了，却终归浅薄；要想真正深刻理解知识的真谛，必须亲自去躬行实践。做学问是这样，理解人世间的一切事理、提高自己的精神境界，也不例外，自己了悟才是真了悟，自己获得才是真获得。真悟、真得的途径就是实践。

情之同处即为性，舍情则性不可见；欲之公处即为理，舍欲则理不可明。故君子不能灭情，惟事平情而已[①]；不能绝欲，惟期寡欲而已。

【注释】

①平情：公允而不偏于感情。

【译文】

众人意愿的相同之处，反映的就是人之本性，舍弃意愿，人的本性就不能显见；众人欲望的公共部分就是永恒伦理，舍弃欲望，天理道义就无法申明。故而君子不能消灭人的意愿，只能追求公允无私，不偏不倚；不能期望灭绝人性欲望，只能希望节制欲望、敛性收心而已。

【点评】

"存天理，灭人欲"是朱熹理学思想的重要观点之一，他认为"圣人千言万语只是教人存天理，灭人欲"，"学者须是革尽人欲，复尽天理，方始为学"。明代中期，出现质疑理学、肯定情欲、追求个性解放的思潮，心学即为其中典型。受心学影响的《菜根谭》认为，情与性不可分割，众人皆有的情感就是与生俱来的人性；欲与理并不对立，众人共有的欲望就是伦理的范围。由此可见，从根本上灭情绝欲，是违背人性、违反天理的，是从一个极端走向了另一个极端，既不现实，也不合理。君子修身养性，应以公允无私、淡泊寡欲为目标，不能抛弃一切情感意趣，变得枯燥乏味、不近人情。

欲遇变而无仓忙，须向常时念念守得定；欲临死而无贪恋，须向生时事事看得轻。

【译文】

要想遭遇变故却无仓皇忙乱，必须在平常时候牢牢守住每一个心念；要想面临死亡而不贪恋生命，必须在活着时看轻每一件事情。

【点评】

生命由无数常规、琐碎的小事堆砌而成，却也难免突发意外事件。若想在遭遇突然变故时不至于仓皇忙乱，就要在平日里做每件事情时都认认真真；若想在临死时心无挂念，就要在平时生活中把关乎利益或得失的事情看轻看淡。这里强调的是平时工夫和积累效应，要求人们通过平时的持重，培养出变故时的镇定；通过平时的淡泊，来换取临死时的从容。《儒林外史》提供了一个反面例子：严监生临终之际，伸着两根指头就是不肯断气，众人乱猜乱问，有说为两个人的，有说为两件事的，有说为两处田地的，严监生却只管摇头。最后还是小妾走上前说："你是为那灯盏里点的是两茎灯草，不放心，恐费了油。我如今挑掉一茎就是了。"说完挑掉一根灯草，严监生方才点点头，咽了气。这可真算得生时看不轻、临死有贪恋的典型了。

从五更枕席上参勘心体①，气未动②，情未萌，才见本来面目；向三时饮食中谙练世味③，浓不欣，淡不厌，方为切实工夫。

【注释】

①心体：指思想。

②气：中国古代哲学概念，主观唯心主义者用以指主观精神，宋代及以后的客观唯心主义者认为"气"是一种在"理"（即精神）之后的物质。

③三时：早、午、晚。谙（ān）练：熟习，熟练。

【译文】

躺在五更的枕席之上，审视参省自己的内心，此时精神上没有产生任何动荡，情绪上没有萌生任何杂念，才能洞见自己本来的面目；在三餐饮食中谙习人世滋味，浓郁时不欣喜，淡泊时也不厌倦，才是切切实实的修养工夫。

【点评】

五更枕席上进行自我省察，这是返回本心的工夫；三餐饮食中体验人世滋味，这是面向社会的演练。夜晚和黎明，被认为是反观内心的最佳时间，王阳明《传习录》中曾说夜幕降临，天地混濛一片，形体颜色全都消泯，人耳无所闻、目无所睹，身体上的所有孔窍全都关闭，这正是良知收敛的时刻；黎明时分，天地混沌初开，万物逐渐显露，人的耳朵开始有所闻、眼睛有所睹，身体上的所有孔窍全都张开，这就是良知妙用发生之时。五更时分，人从睡梦中刚刚醒来，气息最为平静，很少有杂念浮上心头，最能独对内心。遗憾的是，很多现代人总在催魂铃似的闹钟声中醒来，迷迷糊糊地开始一天的生活，久而久之，几乎忘记自己的本来面目了。

应　酬

　　操存要有真宰①，无真宰则遇事便倒，何以植顶天立地之砥柱②？应用要有圆机，无圆机则触物有碍，何以成旋乾转坤之经纶③？

【注释】

①真宰：一指宇宙的主宰，一指自然之性，此指主见。
②砥柱：山名，在今河南三门峡市，当黄河中流，以山在激流中矗立如柱，故名。比喻能负重任、支危局的人或力量。
③旋乾转坤：改天换地，根本扭转局面。经纶：整理丝缕、理出丝绪和编绲成绳，统称经纶。引申为筹划治理国家大事，亦指治理国家的抱负和才能。

【译文】

　　执持心志要有坚定的主见，没有主见，遇到事情就会东倒西歪，怎能树立起顶天立地的中流砥柱？适应现实则需灵活变通，不能变通，接触事物就会碰到阻碍，怎能成就扭转乾坤的国家大事呢？

【点评】

　　立身要持守一个主见，应用要懂得圆融变通。心学智慧讲究的是"见机而做，可长可短"，强调既不动心又随机应变，在"无定"中找出"定"来，在"不一"中建立"一"；不能因不变而僵化，也不能因善变而有始无终。唯有将真宰与圆机完美统一起来，才能成为顶天立地、旋乾转坤的应世之才，而不是随风倒的墙头草，也不是扛着原则寸步难行的书呆子。

士君子之涉世，于人不可轻为喜怒，喜怒轻，则心腹肝胆皆为人所窥；于物不可重为爱憎，爱憎重，则意气精神悉为物所制。

【译文】

有学问、有道德的士人君子经历世事，与人交往，不能轻易流露喜怒之情，轻喜轻怒，自己的衷情诚意就全被别人窥探到了；对待事物，不能过于表达爱憎之意，过于爱憎，自己的精神意志就全被事物控制住了。

【点评】

喜怒不形于色，可使自己不受制于人；爱憎不过分严重，可使自己不受制于物。据史书记载，三国时期的刘备就是"喜怒不形于色"的人，喜好结交豪杰侠士，宽容大度，年轻人因此争着来投奔他，终于在乱世中为自己争得一席之地。刘备能够控制自己的情绪，这是他能成大事的原因之一吧。清朝皇帝吃饭有个"菜不过三口"的规矩，如果哪道菜皇帝连吃三口，此后十天半月，餐桌上再不见这道菜的踪影。之所以定下这个规矩，原因有二：其一是担心被人利用机会做手脚，比如下毒；其二是避免有人从中窥知皇帝的品味，利用口腹之欲腐蚀皇帝，希倖邀宠。现实生活中，有些官员能够抵御金钱的诱惑，却被人投其所好，以古玩、字画、瓷器等物行贿，他们的高雅嗜好成了别有用心之人的突破口。对于掌握权力的人来说，"于物轻爱憎"、"嗜好不示人"，也是对自己最好的保护。

心体澄彻，常在明镜止水之中，则天下自无可厌之事；意气和平，常在丽日光风之内，则天下自无可恶之人。

【译文】

如果人的心灵清亮明洁，常如映照着澄明之镜、静止之水，那么天下自然没有让人厌烦的事情；如果人的精神宁和平静，常如沐浴着明媚的艳阳、吹拂着雨后的和风，那么天下自然没有让人憎恶的坏人。

【点评】

"春有百花秋有月，夏有凉风冬有雪。若无闲事挂心头，便是人间好时节。"这是宋代禅宗无门禅师的一首诗偈，表达了"平常心是道"的境界。一年四季各种不同天气各有各的好处，都可以成为人间最美的时节，难就难在人的内心必须了无牵挂，洁净澄明，方能欣赏这份美景。处事待人也是如此，只要保有一种平和的心态，就不会觉得世间总有讨厌得让人过不下去的事情，也不会觉得总有可恶得让人心烦意乱的坏人。我们无法改变世界，但是可以改变看世界的眼睛和体悟世界的心灵。

当是非邪正之交①，不可少迁就，少迁就则失从违之正②；值利害得失之会③，不可太分明，太分明则起趋避之私。

【注释】

①交：某一时期或时刻的到来。

②从违：依从或违背。正：标准，准则。

③会：时机，机会。

【译文】

当是非邪正聚合之时，不可稍微降格相就，稍有迁就，就会失去依从或违背原则；当利害得失纠缠之际，不可分辨得过于分明，过于分明，就会惹起趋利避害的私心。

【点评】

在是非正邪的大原则面前，必须旗帜鲜明、立场坚定；在利害得失的小算计方面，却要含糊一些，马虎一些。"三思而后行"，现在通常被认为是提醒谨慎再谨慎，孔子的原意却与此相反。当时鲁国大夫季文子思虑过于周密、做事过分小心，每做一件事情之前都是想之又想。孔子认为他想得太多，对利害得失考虑太多，结果让更多的私心杂念渗入决策过程，影响他做出正确判断，所以说"想两次，也就可以了"。

好丑心太明，则物不契①；贤愚心太明，则人不亲。士君子须是内精明而外浑厚，使好丑两得其平，贤愚共受其益，才是生成的德量。

【注释】

①契：合，投合。

【译文】

美丑好坏之心太过分明，就很难与人相合；贤明愚拙之心太过分明，就很难与人相亲。有学问、有道德的士人君子须是内心精细明察、外表浑朴敦厚，使美丑好坏都能得到平允对待，使贤士愚人都能因之受益，才是养育万物的涵养和气量。

【点评】

此处强调待人接物应该坚持浑厚原则，美丑、贤愚标准不宜太过分明，否则容易与人形成隔阂，难以形成亲和融洽的人际关系。《庄子·齐物论》中说：毛嫱和丽姬，人人都说她们是美女，可是鱼儿见了她们深深潜入水底，鸟儿见了她们高高飞上天空，麋鹿见了她们撒开四蹄飞快逃跑。这四者中，究竟谁才懂得天下真正的美色呢？虽然庄子此说过于夸张，可是不同的人确实有着不同的美丑标准，强迫别人接受自己的标准，本来就是不明事理。至于人的智力、才能，虽然客观上有着高下之别，但若日常生活中对人过于苛求，天下能有几人入得法眼？退一步说，自己用以衡量他人贤愚的"尺子"，是否真的合格、准确呢？

伺察以为明者，常因明而生暗，故君子以恬养智；奋迅以为速者^①，多因速而致迟，故君子以重持轻。

【注释】

①奋迅：形容鸟飞或兽跑迅疾而有气势。

【译文】

把侦视观察当成明智的人，常常因为自视精明而陷入愚暗，故而君子应该以恬淡平和的心态来培养智慧；把奋飞疾跑当成迅速的人，大多因为过于追求速度而导致延迟，故而君子应该以稳重谨慎的态度对待小事和细节。

【点评】

此处告诫为人处世时的两个禁忌：伺察与奋迅。

明察秋毫的人，往往纠缠于琐碎细节，反倒因之而陷入愚昧；真正明智的人，明明洞察了真相，也会斟酌情势，或说出来，或装作不知。春秋时，齐国有位智者，名叫隰斯弥。当时，大夫田成子当权，颇有窃国之志。有一次，田成子邀他登临高台浏览景色，东西北三面平野广阔，风光尽收眼底，唯独南面有片隰斯弥家的树林蓊蓊郁郁，遮挡了视线。二人分手后，隰斯弥回到家里，立即让家仆去砍树林，可是刚砍了几棵，又叫仆人停手，赶快回家。家人感到莫名其妙，问他为何颠三倒四，隰斯弥说："国都郊外，唯有我家的这片树林突兀而列，从田成子的表情看，这让他心中不快，所以我急着把树砍掉。可是转念一想，田成子并未说过任何表示不满的话，相反倒挺笼络我。田成子很有心计，正图谋窃位，很怕有人比他高明，看穿他的心思。如果我把树砍了，就表明我有知微察著的能力，就会让他对我产生戒心。所以，不砍树，表明我并不知道他的心思，还算不上得罪他，可以免于伤害；如果砍了树，表明我能猜到别人没说出口的心思，这个祸，闯得可就太大啦！"

至于"欲速则不达"，也有一则小故事：天色渐晚，一个卖橘子的人赶着进城，他问路人："再走多久，我才能到达城门？"路人回答说："如果慢慢走，关门前就能到达；如果走得很快，就到不了啦。"卖橘子的人以为这人在跟他开玩笑，于是加速赶路，结果走得太急，打翻了橘篓，橘子滚了一地，只好停下来捡拾，因此未能赶在关城门前进城。回想起路人的话，他终于明白此中深意。

遇大事矜持者，小事必纵弛；处明庭检饰者，暗室必放逸。君子只是一个念头持到底，自然临小事如临大敌，坐密室若坐通衢。

【译文】

遇到大事方才摆出庄重矜持模样的人，对待小事必定放纵松弛；身处明亮厅堂方知检点修饰仪容的人，居于幽暗内室必定放荡逸乐。而君子只是一个念头坚持到底，自然碰上小事如同遭遇大事，独坐密室俨若高坐宽街。

【点评】

人们有时会遇到这样一种人：碰到重大事情，他们比谁都郑重其事；出席重大场面，他们比谁都衣冠楚楚。经验告诉我们，这种人在小事上往往随随便便，在私底下往往不加检点。只有那些不被情势左右、不因环境改变的人，才是值得信任的君子。

有个"袒腹东床"的故事，主人公是东晋大书法家王羲之。他年轻时从会稽到都城建康探亲，住在从伯父王导家。车骑将军郗鉴与王导同朝为官，想从家世显赫、才貌俱佳的王家子弟中给女儿选个女婿，于是打发门生给王导送信，说明此意。王导对送信人说："你往东厢房去，我家子弟都在那儿，你随便挑。"王家子弟听说郗家派人来选女婿，全都盛加修饰，只有王羲之独卧床榻，衣服随意披着，袒胸露腹，若无其事地吃东西。门生回去报告郗鉴说："王家的几位郎君都挺不错，听说来选女婿，都表现得很矜持。只有一位郎君在榻上露着肚皮躺着，好像没这回事儿一样。"郗鉴说："就是这位郎君好，最适合做我家女婿。"一打听，原来正是王羲之。

使人有面前之誉，不若使其无背后之毁；使人有乍交之欢，不若使其无久处之厌。

【译文】

与其让别人当面赞誉你，不如让他别在背后诋毁你；与其让别人感到刚刚交往的欢欣，不如让他感受不到长久相处的厌烦。

【点评】

人是社会动物，生活在各种社会关系中。不同文化对人际关系的理解存在差异，关于人与人的相处之道，也提出各自的标准。儒家思想重视自我修养，尽量让自己在道德行为方面趋于完美，在此基础上去与他人建立和谐融洽的关系。让人当面赞誉是好事，但是不如不让别人背后说你坏话，这就必须方方面面都让人无可挑剔；与人刚一交往就欢欣愉悦，不如让人觉得跟你长期相处也不厌烦，这就必须持之以恒、表里如一。西晋开国元勋羊祜（字叔子）博学能闻，清廉正直，风仪潇洒，享有盛誉。有一次，羊祜回洛阳，要从野王县经过。县令郭奕（字太业）出身名门望族，本人也是当世名流，对羊祜仰慕不已，派人到县界远迎，自己亲自去见羊祜。两人刚一见面，郭奕就感叹地说："羊叔子怎么会次于我郭太业呢？"他第二次去羊祜的下榻之处谈了一番话，回来后又感叹地说："羊叔子远远超出一般人哪！"等到羊祜告辞，郭奕送了一整天，一气送出好几百里，却因为擅自离开县境而被免了官。可是郭奕丝毫不以为意，再次感叹地说："羊叔子怎么比颜子差呢？"郭奕每和羊祜见一次面，对他的评价就高一层，最后认为羊祜可谓当世颜回。羊祜去世后，时人经过他的墓地，看到墓碑就会流泪；千百年后，唐代诗人孟浩然登上羊祜曾经驻守的岘山，还满怀深情地写下这样一首诗："人事有代谢，往来成古今。江山留胜迹，我辈复登临。水落鱼梁浅，天寒梦泽深。羊公碑尚在，读罢泪沾襟。"

善启迪人心者，当因其所明而渐通之，毋强开其所闭；善移易风化者，当因其所易而渐及之，毋轻矫其所难。

【译文】

善于启迪别人心智的人，应当根据别人已经明白的道理逐渐加以引导，从而使他通情达理，不要勉强去开启其心智中仍然壅闭不通的部分；善于改变社会风气的人，应当顺着人们容易遵循的方向逐渐加以推行，从而达到移风易俗的目的，不要轻率地悖逆人情、强迫其抛弃一时间难以改变的习惯。

【点评】

无论是启迪一个人的心智，还是改变整个社会的风俗，都应以因势利导为原则。孔子曾说："中人以上，可以语上也；中人以下，不可以语上也。"如果向学生传授远远超过其理解水平的内容，不仅劳而无功，还有可能适得其反，把学生弄糊涂了。孔子习惯采用"启发式"的教学方法，"不愤不启，不悱不发，举一隅不以三隅反，则不复也"，如果学生不是经过冥思苦想而想不通，就先不要去开导他；如果学生不是心里明白却不能完善表达，也不要去启发他；如果学生不能举一例而能推知其他类似问题，就先不要再教他新内容。根据学生水平，让学生在充分进行独立思考的基础上，对他们进行启发开导，不硬向学生灌输他们无法理解的内容，这才是科学的教育方式。

彩笔描空，笔不落色，而空亦不受染；利刀割水，刀不损锷①，而水亦不留痕。得此意以持身涉世，感与应俱适，心与境两忘矣。

【注释】

①锷（è）：刀剑的刃。

【译文】

用彩笔在虚空中描画，笔尖没有落下颜色，虚空中也没有受到污染；用利刀在水面上切割，刀刃不会受到损伤，水面上也没有留下划痕。明白这个道理，据以修身处世，受外界影响、作出反应，都能恰如其分，物我、身世一起忘记。

【点评】

"彩笔描空"、"利刀割水"，优美、空灵而又玄妙。这是人们凭借日常经验能够理解的物质运动现象，其实也是作者刻意营造出的亦禅亦道之境，用以阐述一种生存之道和精神境界。《庄子·应帝王》中说："无为名尸，无为谋府，无为事任，无为知主。体尽无穷，而游无朕；尽其所受乎天，而无见得，亦虚而已。至人之用心若镜，不将不迎，应而不藏，故能胜物而不伤。"意思是说，人生在世，不要让名誉拖累你，不要让谋略占据你，不要让世事压垮你，不要让智慧左右你。要与无穷的事物完全融为一体，要自由自在地游乐却不留踪迹；要尽情享受上天赋予的生命，又要心境清虚淡泊，没有必求必得。修养高尚的"至人"，心思就像一面镜子，对于外物，来者即照，去者不留，应合事物本身，从不有所隐藏，所以既能反映外物，又不让自己的心神受到损伤。洪应明追求的"感与应俱适，心与境两忘"的持身涉世之道，正是来自庄子的"应而不藏，胜物无伤"，只是愿意握笔描空、持刀割水，比庄子只愿做面镜子，多了些积极主动而已。

己之情欲不可纵，当用逆之之法以制之，其道只在一"忍"字；人之情欲不可拂，当用顺之之法以调之，其道只在一"恕"字。今人皆恕以适己而忍以制人，毋乃不可乎？

【译文】

自己的情感欲望不可以放纵，应当用拂逆情欲的方法来克制它，其方法只在一个"忍"字；别人的情感欲望不可以拂逆，应当用顺势利导的方法去调节它，其方法只在一个"恕"字。当今世人都把"恕"字留给自己，用以满足自己的私欲，却把"忍"字留给别人，用以压制别人的欲望，恐怕不行吧？

【点评】

洪应明认为"君子不能灭情"，圣人都承认食色之欲出自天性，那么应该如何正确对待自己和他人的情欲呢？对于自己，要用"忍"字，要约束克制；对于他人，要用"恕"字，要理解宽容。孔子以"恕"为终身奉行的原则，并且告诉子贡"恕"就要"己所不欲，勿施于人"。"恕"在后世有两种基本含义：一是"用自己的心推想别人的心"，就是"理解"；二是不计较别人的错误，就是"宽容"，也就是我们常说的"原谅"。所以，儒家所提倡的"恕道"的外延，基本上就是"理解"和"宽容"，"理解"是实施"恕"的起点，不想别人对你做的事情，就不要对别人做；从另一方面说，自己本身具有的欲望，也不能不让别人有。洪应明感慨地说：现在的人们恰好把圣人之教用反了，他们把"恕"字留给了自己，却把"忍"字用在别人身上！我们虽然已经步入现代社会，但是"人之情欲"

却不太可能"现代"到与古人完全不同的地步，而且要建立和谐高效的现代公共关系，更要求每个公民摆脱道德上的"自我中心主义"，站到公共的立场，站到他人的角度想问题，换位思考，推己及人，对他人的不当言行，多一些理解与包容；对自己的行为，则要多一点儿约束和控制。

好察非明，能察能不察之谓明；必胜非勇，能胜能不胜之谓勇。

【译文】

喜欢把所有事情都弄得一清二楚，并非真正的明智，该弄清的弄清楚、不该弄清的就不强求清楚，才是真正的明智；必定要战胜对手，并非真正的勇武，既能战胜对手，又能输给对手，才是真正的勇武。

【点评】

《孟子·万章》中说：有人送给郑国贤臣子产一条活鱼，子产让管理池塘的小吏把鱼养在池塘里，小吏却偷偷把鱼煮着吃了，然后报告子产说："我刚把鱼放到池塘里，它显得呆头呆脑，稳不住身子，我还以为它活不过来了。可是过了一会儿，它就缓过气来，摇摇尾巴，一头钻进深水，优哉游哉地游走啦！"子产高兴地点着头说："好啊！好啊！它是得到合适的去处啦！它是得到合适的去处啦！"小吏以为自己的谎话没被识破，退出来后，自言自语地说："谁说子产聪明啊？我把鱼煮了吃，他却说'得到合适的去处啦！'难道这合适的去处竟然是我的肚肠吗？"这个洋洋得意的小吏不知道，凡成大事业者，除了要有大视野，还要读懂人心，不要在无伤大雅的小节上较真，在非关原则的问题上要给别人留些面子，才能为自己的生存和发展创造良好的外部环境。子产识破不说破，这正是他的大聪明。至于勇气，也是一样，只知道用蛮力压倒对方，那是血气之勇、匹夫之勇；明明能够战胜对方却选择输给对方，这才是真正的勇气，所以《吕氏春秋·孟春》中说："大匠不斫，大庖不豆，大勇不斗，大兵不寇。"

思入世而有为者，须先领得世外风光，否则无以脱垢浊之尘缘①；思出世而无染者，须先谙尽世中滋味，否则无以持空寂之苦趣。

【注释】

①尘缘：佛教、道教谓与尘世的因缘。

【译文】

一个人想要投身社会而有所作为，必须先领略过尘世外的风光，否则就不能超脱尘世间污垢浊秽的因缘；一个人想要超脱人世而一尘不染，必须先遍尝过人世间的滋味，否则就不能持守尘世外空虚寂寞的苦处。

【点评】

"达则兼济天下，穷则独善其身"，儒家思想为古代知识分子安排下两条道路。积极入世而有一番作为，这是大多数士子受到理想感召和生活压力后都会首选的道路。这是由于入世几乎必然意味着需要"入仕"，且莫说宦海风波、官场险恶，单单一条"非科举毋得与官"，就让这条道路变得千难万阻。世味变得淡漠、理想渐渐冷却，有人选择退出官场；官场风波无日停息，或失了楫，或翻了船，有人被逐出官场；更有大批士子在"求仕"的独木桥上筋疲力尽，踯躅不前，栖居林下也就成为不得已的选择。如何化解出世与入世的矛盾，如何调适理想与现实的距离，如何说服与抚慰自己永远处于煎熬之中的心灵，圣人提供的"兼济"与"独善"原则似乎是不够用的。于是，古代士人对这个原则进行了细化：若想入世而有所作为，首先要对恬静淡泊的世外风光有所领略，否则就不能超越尘世间的种种诱惑；若想出世而纤尘不染，必须先要遍尝尘世间的人情冷暖，否则就不能在空虚寂寞中品味这清苦的乐趣。逻辑上的论证看起来如此完美，但愿它真能提供脱却垢浊尘缘的定力、持守空寂苦趣的耐力吧。

与人者，与其易疏于终，不若难亲于始；御事者，与其巧持于后，不若拙守于前。

【译文】

与人交往，与其使双方关系到最后容易疏远，不如在开始时就难以亲密，适当保持距离；处理事务，与其在后期出现问题时巧妙撑持，不如在前期就安守愚拙，踏实地做好工作。

【点评】

此处讲的是"慎始"。《礼记·经解》曰："君子慎始，差若毫厘，谬以千里。”不论是与人交往，还是处理事情，都要戒慎于初。所谓"日久见人心"，人性复杂，刚刚与人交往时，不宜过于亲密，宁可显得矜持冷淡一些，总好过起初如胶似漆、最终形同陌路。负责一项工作，与其在出现问题后巧妙地收拾残局，不如在开始时显得笨拙一些，踏踏实实做好每一件事。善始善终诚为不易，唯有认真"善始"，才能如愿"善终"。

酷烈之祸，多起于玩忽之人；盛满之功，常败于细微之事。故语云："人人道好，须防一人着恼；事事有功，须防一事不终。"

【译文】

惨烈的灾祸，大多缘起于玩忽职守的人；圆满的大功，常常败坏于细枝末节的事。所以谚语说："人人都说好，必须提防一人生气懊恼；事事皆有功，必须提防一事有始无终。"

【点评】

此处讲的是"慎微"。细节决定成败，所以不管是戒祸还是谋成，都应在细节上下足功夫。此处所说的细节，包括人与事两个方面。做事情，在用人方面要慎重考虑，提防有些人成事不足，败事有余；"千里之堤，溃于蚁穴"，一些很了不起的大事，可能因为小事而前功尽弃。汉武帝初年，曾经精心策划了一次诱敌歼灭战，准备以马邑城作诱饵，引诱匈奴单于的主力部队进入城中，将其一网打尽，史称"马邑之谋"。为此，西汉派客商聂壹去说服单于入塞掳掠，却调集三十万精兵埋伏在马邑附近的山谷中，准备瓮中捉鳖。单于入塞后，行至距离马邑百余里的地方，看见四野都有牲畜，却不见一个人影，心中疑惑，转而攻打武州塞，俘虏了武州尉史，得知汉朝在马邑设下埋伏，单于立即撤军。"畜牧于野，不见一人"，马邑之谋的落空，居然因为这样一个小小细节，因为偶然困在武州的一个小小尉史，这是汉武帝及其诸位谋臣高参们万万没有料到的。

宇宙内事要力担当，又要善摆脱。不担当，则无经世之事业；不摆脱，则无出世之襟期。

【译文】

天下家国之事，既要尽力承担并负起责任，又要善于摆脱牵绊。不能担当责任，就无法建立安邦定国的事业；不能摆脱牵绊，就不能保持超脱世俗的襟怀。

【点评】

既努力担当，又善于摆脱，既能成经世伟业，又具有出世襟怀，许多古代知识分子都在心中描绘着人生的这一宏大构图，事了拂衣的鲁仲连、功成身退的范蠡，堪称此类人物的代表。生活在战国末期的鲁仲连隐居海上，有道家的遁世之风，但又不完全归隐，决不肯老死山林，常周游各国，为其排难解纷，其中"痛斥辛垣衍，义不帝秦"的事迹在后世广为传颂。尤其难能可贵的是，鲁仲连弃金钱如粪土，视富贵如浮云，赵国转危为安后，他拒绝平原君的封赏，甩下一句"对天下人来说，最可贵的品质是为人排患解难，却从不索取回报。如有所取，就是商人的勾当，我不愿意做"，飘然而去。唐代大诗人李白对富有个性和传奇色彩的鲁仲连十分仰慕，反复咏颂他的事迹，其《古风》（其十）中说："齐有倜傥生，鲁连特高妙。明月出海底，一朝开光曜。却秦振英声，后世仰末照。意轻千金赠，顾向平原笑。吾亦澹荡人，拂衣可同调。"

待人而留有余不尽之恩礼，则可以维系无厌之人心；御事而留有余不尽之才智，则可以提防不测之事变。

【译文】

对待他人，总要保留一份绰绰有余、不会穷尽的恩情和礼遇，这样才可以维系永不满足的人心；处理事情，总要保留一点绰绰有余、不会穷尽的才能和智慧，这样才可以提防难以预料的变故。

【点评】

无论待人还是做事，都应留有后手，不能在起初就用尽所有恩礼和智慧，这是基于人性贪得无厌、世事变化莫测而得出的消极防御型经验。旧小说中描写足智多谋的人把对付敌方的计策写在纸条上，放在锦囊中，以便当事人在紧要关头拆看照办，可以说是这种经验的形象表现。《颜氏家训·名实》中说：邺下有位年轻人，任襄国县令，勤勉踏实，对公务尽心尽意，对下属体恤爱护，希望以此博取好名声。凡碰上派遣本地男丁去服兵役，他都亲自握手送别，又向他们赠送干粮果品，并对每个人发表临别赠言说："上级的命令，有劳各位了，心中实在不忍。你们路上饥渴，特备这点薄礼，略表思念之情。"百姓们因此对他赞不绝口。等到他升任泗州别驾，这类费用一天比一天多，他不可能面面俱到，过去的功劳业绩也随之都被抹杀了。

了心自了事，犹根拔而草不生；逃世不逃名，似膻存而蚋仍集①。

【注释】

①蚋（ruì）：蚊类害虫。体形似蝇而小，吸人畜血液。

【译文】

如能了结心中的念头，自然就能了结事情，犹如拔草时连根拔起，杂草永远不会再生；如果只是逃离尘世，却不逃避声名，好似腥膻之气残存未净，蚊蚋仍然还会聚集。

【点评】

佛教认为，世间一切皆由心生，皆由心灭。事情之所以无法了结，往往因为我们心中念念不忘。有这样一个故事：小和尚跟着老和尚下山化缘，走到河边，看见一个姑娘正发愁没法过河。老和尚对姑娘说："我背你过去吧。"于是就把姑娘背过了河。小和尚瞠目结舌，又不敢问。这样又走了二十里路，小和尚实在忍不住了，就问老和尚："师父啊，我们是出家人，你怎能背着那个姑娘过河呢？"老和尚说："你看，我把她背过河就放下了，你怎么背了二十里地还没放下？"

　　隐逸本是拒绝世俗的态度，可是如果远离尘世却留恋声名，就不可能真与世俗划清界限。金代著名文学家元好问写过一篇《市隐斋记》，文中说：有位隐于长安市中三十余年的娄公，家中有个"市隐斋"，与之来往的许多官员都为之写过赋、传。元好问对此颇不以为然，怀疑他是标榜避世隐居、实则热衷利禄的假隐士。他认为，真正的隐士要像东汉末年的韩伯休一样。韩伯休在长安市卖药，三十多年口不二价，其中断无盈赢，成本多少，就卖多少。有位女子前来买药，韩伯休照旧坚持不还价，女子大怒，说："你难道是韩伯休啊，竟然不让还价？"韩伯休于是叹息着说："我本来就是为了躲避名声，今天竟然连小女子都知道我的名字！"他扔掉草药，逃到霸陵山中。政府接二连三地派公车征辟他做博士，他都不肯出来。后来皇帝用规格最高的"安车"征聘，他迫不得已答应出山，却不坐安车，自乘柴车，走到半路，就找机会逃回去了。

　　膻秽则蝇蚋丛嘬①，芳馨则蜂蝶交侵②。故君子不作垢业，亦不立芳名。只是元气浑然③，圭角不露④，便是持身涉世一安乐窝也⑤。

【注释】

①嘬（chuài）：咬，叮。

②芳馨：芳香。喻美好的名声。

③元气：指天地未分前的混沌之气。指人的精神、精

气。浑然：质朴纯真的样子。

④圭角：圭的棱角。泛指棱角，这里比喻锋芒。

⑤安乐窝：北宋理学家邵雍自号安乐先生，隐居苏
门山，名其居为"安乐窝"。曾作《无名公传》自
况："所寝之室谓之安乐窝，不求过美，惟求冬暖夏
凉。"后泛指安静舒适的住处。

【译文】

腥膻污秽，苍蝇蚊蚋就会成群结队地飞来叮咬；气味
芳香，蜜蜂蝴蝶就会轮番交替地飞来侵扰。故而君子不造
下垢污的罪孽，也不树立美好的声名。只是保持一团正气，
质朴纯真，隐匿棱角，不露锋芒，这便是修身养性、经历
世事的安乐窝。

【点评】

道家学派认为，人最可宝贵的是生命，人生在世，要
随顺自然之道，以此养生全身。《庄子·养生主》开篇就说：
"为善无近名，为恶无近刑，缘督以为经，可以保身，可以
全生，可以养亲，可以尽年。"意思是说：做了世人所谓的
善事，却不去贪图名声；做了世人所谓的恶事，却不至于
触犯刑罚；遵从自然的中正之路，并把它作为顺应事物的
常法，这样就可以护卫自身，就可以保全天性，就可以不
给父母留下忧患，就可以终享天年。《菜根谭》所谓"安乐
窝"中生活，也就是这样吧。

从静中观物动，向闲处看人忙，才得超尘脱俗
的趣味；遇忙处会偷闲，处闹中能取静，便是安身

立命的工夫。

【译文】

在宁静中观看万物运动，在悠闲中观看他人忙碌，才能体会超越尘世、脱离凡俗的趣味；遇到忙碌之处能够挤出空闲，身处热闹场中能够躲个清静，便是安定生活、寄托精神的修养工夫。

【点评】

人在宁静安闲中不可一味沉溺，能以这样的视角和内心观看外物运动、他人忙碌，方能在比较中体会到超尘脱俗的趣味。南宋宰相范成大晚年退居故乡石湖养病，这位阅历丰富、心灵充实的政治家兼诗人，以其独特视角观察农村春、夏、秋、冬四时景色和田园生活，一一形诸诗笔，创作了60首田园诗，命名为《四时田园杂兴》，其二曰："梅子金黄杏子肥，麦花雪白菜花稀。日长篱落无人过，惟有蜻蜓蛱蝶飞。"在这安闲飞舞的蜻蜓、蛱蝶背后，是诗人善于发现和欣赏平凡之美的目光在追随。

与之相对，人在忙碌喧闹之中，也要有偷闲取静的意识和本事。中唐时期的诗人李涉因事贬官，流放南方，在漂泊辗转、百般不如意中，他强登镇江南山，与寺僧闲谈，写下一首《题鹤林寺僧舍》："终日错错碎梦间，忽闻春尽强登山。因过竹院逢僧话，偷得浮生半日闲。"生活中难免遭遇低谷，奔波劳碌，人总要有意识地为疲惫的心灵开启一道闸门，落进一丝清新的空气，为自己寻求些许的闲适与欢愉。

邀千百人之欢，不如释一人之怨；希千百事之荣，不如免一事之丑。

【译文】

邀求千百个人的欢心，不如消释一个人的怨恨；希求千百件事的荣耀，不如免除一件事的丑名。

【点评】

日常生活中，有人整天忙着扩充人脉，交游遍天下，却往往忽略了对已有社会关系的巩固和维护；有人热衷追逐名誉的光环，却可能因为言行不谨而爆出丑闻，成为人们茶余饭后的笑柄。也许我们应该静下心来，按照《菜根谭》中的教导，学着给自己做做"减法"，减少已有交际圈中的怨愤，减少自己言行中的缺憾。《世说新语》记载了王导招待宾客的一则轶事，颇能启发对"释一人之怨"的理解：王导被任命为扬州刺史，数百名宾客登门贺喜，他都亲自应酬接待，每个人脸上都显出愉悦之色，只有来自南方临海郡的一位任姓客人和几位来自西域的胡人显得有些落落寡合。王导找个机会来到任某身边，说："您出来了，临海郡可就没人才啦！"任某顿时高兴起来。王导又走到胡人跟前，弹着手指说："兰阇！兰阇！""兰阇"是西域语词，意思是"安闲清静的地方"。王导感觉因为客人太多而冷落了几个胡人，所以连说两遍"兰阇"，一则赞美胡人能于喧嚣吵闹中寂然安心，如处佛堂；二则表示自己此前之所以没有与之寒暄，是怕搅扰他们禅定。胡人显然明白了王导的含意，全都大笑起来，于是满座宾客皆大欢喜。

落落者，难合亦难分；欣欣者，易亲亦易散。是以君子宁以刚方见惮，毋以媚悦取容①。

【注释】

①取容：讨好别人以求自己安身。

【译文】

孤高磊落之人很难与人一拍即合，可是一旦结交，却也很难分手；面容和悦欣喜之人容易让人亲近，可是交往之后，却也容易散伙。因此君子宁可因为刚直方正而被人畏惧，也不愿卑辞悦色去讨好别人。

【点评】

这里谈的是择友之道，也是持身之道。清高耿介的人让人望而生畏，难以结交却也难以分手；貌似平和的人让人感觉容易亲近，但是这种人往往没有原则、见利忘义，友情难以持久。选择朋友，宁可选择前者；君子持身立世，也应要求自己做个刚直方正的人。东汉时，有位名叫井丹的高士，通晓《五经》，知识渊博，天性清高，不慕荣华富贵，从不拿名帖拜访他人。他曾先后拒绝五位王爷的轮番邀请，敢于当面指斥权贵乘坐辇车虚耗人力，讥讽其做法与暴君夏桀如出一辙。贵震朝廷的梁松要跟他交朋友，他起初不肯相见。井丹生病时，梁松亲自领着医生给他把病治好。后来梁松长子过世，井丹感念梁松救命之恩，去梁府吊唁。梁家贵客盈门，井丹衣衫不整，却坦然进门，对逝者行礼，向宾客作揖，与主人交谈，尽礼之后，依然不肯留下做官，飘然隐遁而去。井丹可谓落落寡合之至者，却是重情重义的君子，东晋书法家王献之就曾明确表示自己最仰慕井丹高洁的品质。

　　仕途虽赫奕①，常思林下的风味，则权势之念自轻；世途虽纷华，常思泉下的光景，则利欲之心自淡。

【注释】
①赫奕：显赫貌，美盛貌。

【译文】
　　仕进之路虽然显赫辉煌，经常想想退隐山林之后的清幽风味，追求权势的念头自然就会变轻了；人生历程虽然富丽繁华，经常想想死后归于黄泉的寂寞光景，贪恋私欲的心情自然就会变淡了。

【点评】
　　人在富贵荣华之中，要经常想想，不是往好处想，妄想更大的权力、更好地享受，而是往坏处想，设想无权无势的退休生活、无声无息的死后世界。这样一想，眼前的赫赫威权、纷华享受，到头来都将归于空幻，那又何必苦苦追求？用退休来说服人们看淡官场中的争权夺利，以死亡这个话题来终结对于世间浮华的追逐，这是古代常见的道德训教思路，《菜根谭》也在不厌其烦地使用。还是元代薛昂夫在《塞鸿秋》中描写的人生来得形象："功名万里忙如燕，斯文一脉微如线。光阴寸隙流如电，风霜两鬓白如练。尽道便休官，林下何曾见？至今寂寞彭泽县。"

鸿未至先援弓，兔已亡再呼犬，总非当机作用；风息时休起浪，岸到处便离船，才是了手工夫。

【译文】

大雁还没飞来就先拉开弓弦，兔子已经跑了才呼唤猎犬，都不是能够抓住时机的正确举动；狂风息止就不再兴起波浪，抵达岸边就迅速离船，这才是了结事端的高深修养。

【点评】

援弓射雁、呼犬逐兔、风息浪止、到岸离船，作者用这四种生活现象作类比，从不同角度阐明时势把握问题：鸿至方援弓，讲的是待时；见兔即呼犬，讲的是及时，否则或早或迟，都未能准确把握时机；风息休起浪，讲的是识时；到岸便离船，讲的是顺时，否则或逆或滞，都未能认清形势。俗话说"识时务者为俊杰"，又说"形势大于人"，时不可移、势不可逆，所以应对人生中的各种局面，都要准确判断时机，认清形势，当机立断，顺势而为。

李肇《国史补》中有个故事：渑池道上，一辆载满瓦罐的车子陷入泥中，堵住了狭窄的道路。正值寒冬，积雪覆盖的山路湿滑险峻，进退不能。天色将晚，公私客商成群结队，数千车马在后面挨挨挤挤，无法通过。有个名叫刘颇的商客策马扬鞭赶过来，问："车上的瓦罐值多少钱？"车夫说："约值七八千。"刘颇解开行囊，取出缣帛（当时可代货币），交给车夫，然后让仆人爬上车子，弄断绳索，把瓦罐全都推下山崖，车子变轻，得以前进，后面的车队也都喧喧嚷嚷地陆续前行。刘颇为人慷慨，豪侠果断，受到后人赞美。

从热闹场中出几句清冷言语^①，便扫除无限杀机；向寒微路上用一点赤热心肠，自培植许多生意。

【注释】

①热闹场：热闹的场所。指官场。

【译文】

在热闹喧腾的场所，说出几句清平冷静的言语，便能扫除人们胸中的无限杀机；对出身寒微的路人，付出一点赤诚火热的心肠，就能在他心中培植起许多求生的希望。

【点评】

热闹场—寒微路、清冷言语—赤热心肠、扫除杀机—培植生意，这几组词语两两相对，鼓励仗义执言、雪中送炭、解困扶危的精神，归根到底，还是要有仁人爱物之德。东晋初年，大将军王敦发动叛乱，提兵向阙，大军直开到都城建康南门朱雀门外的古浮桥边，晋明帝亲自率军抵抗。温峤当时担任丹阳尹，明帝命他烧断浮桥，阻止王敦大军进城，温峤却没把浮桥烧断。明帝闻报，勃然大怒，左右之人无不胆战心惊。明帝召集大臣，温峤到后并不请罪，只顾要酒要肉，现场气氛凝重。不一会儿，王导来了，光着脚下了车子，向明帝请罪说："天威在颜，让温峤没找到谢罪的机会啊。"温峤于是下席请罪，明帝这才消了气。大臣们一致赞叹王导机智敏捷，既替温峤解了围，又赞美了皇帝的威严。

淡泊之守，须从浓艳场中试来；镇定之操，还向纷纭境上勘过。不然操持未定，应用未圆，恐一临机登坛①，而上品禅师又成一下品俗士矣②。

【注释】

①临机：面临变化的机会和情势。

②上品：佛教谓修净土法门而道行较高者，命终化生西方净土后所居的高等品位。

【译文】

淡泊名利的操守，必须在艳丽浮华的名利场中，才能检试出来；镇定自若的操守，必须在纷纭复杂的环境中，才能勘验出来。不然内心操守未能稳定，适应需要未能圆通，恐怕一旦面临机会登上讲坛，貌似道行高尚的和尚，就又变成一个还未出家、品位低级的俗士了。

【点评】

有的人能安于贫贱，却经受不起富贵的考验，只有那些在纷繁浓艳的名利场中毫不动心的人，才算得上真正的淡泊名利；有的人平日里镇定自若，可是一旦面临仓促复杂的局面，往往张皇失措，一反常态，这样的"镇定"也只是有其名而无其实。《世说新语·雅量》记载了东晋宰相谢安出山前的一则轶事：谢安曾和孙绰、王羲之等一班名士泛海游玩，海上忽然起风，海浪渐大，孙、王等人心中害怕，建议赶紧回去。谢安兴致不减，只管吟诵，船夫们看他这样，也就继续向前划船。海风转急，海浪更大，船中名士惊惶失色，完全失去平日里从容不迫的仪态，再也坐不住了。谢安从容镇定地说："要是这样，大家可就真回不去了。"众人听他这么说，赶紧老老实实坐在座位上。于是士林全都佩服谢安的雅量，认为他能在生死关头克制与生俱来的恐惧，并用自己的情绪影响众人，这种器量足以镇安朝野，是真正的宰相之才。

廉所以戒贪，我果不贪，又何必标一廉名，以来贪夫之侧目①；让所以戒争，我果不争，又何必立一让的②，以致暴客之弯弓。

【注释】

①来：招致，招揽。后多作"徕"。侧目：斜目而视，形容愤恨。

②的（dì）：箭靶的中心。

【译文】

清廉是用来警戒那些有贪婪之心的人的，我果真不贪婪，又何必标榜一个清廉的名声，结果招来贪婪之人愤恨斜视；谦让是用来警戒那些有争夺之心的人的，我果真不争夺，又何必树立一个谦让的靶子，结果招致残暴之人弯弓射击。

【点评】

儒家思想提倡廉洁与谦让，但是现实社会非常复杂，充斥着贪夫、暴客，他们最不喜欢身边站着清廉、谦让之人，使自己更加相形见绌，故而对那些声名显著、品德完美的人，轻则侧目而视，重则痛下杀手。基于对这种险恶环境的认识，洪应明说，之所以要有廉、让这些概念，是为了戒止人们的贪欲和竞争，如果自己能够做到不贪不争，那又何必冒着危险追求廉让之名？这种"崇实不求名"，是古代追求中庸之道、反对出风头、走极端的一种反映。早在南北朝时期，颜之推在《家训》中就特别告诫子孙不要过分求名，他说：人脚踩踏的地方，面积不过数寸，然而在咫尺宽的山路上行走，一定会摔下山崖；从碗口粗的桥上走过，往往掉到河中淹死，这是为什么呢？这是因为脚旁没有余地的缘故。君子在社会上立足，也是这个道理。"至诚之言，人未能信；至洁之行，物或致疑"，就是因为这类言论和行为已经好到极点，没有留下余地。他希望孩子们能"开方轨之路，广造舟之航"，说话办事都要留有充分的余地，也就是不要距离大众的庸常标准太远，这样才能取信于人，保全自己。

　　无事常如有事时提防，才可以弥意外之变^①；有事常如无事时镇定，方可以消局中之危。

【注释】
①弥（mǐ）：通"弭"。止息。
【译文】
　　无事之时，总像有事之时那样小心防备，才可以平息意外发生的变故；有事之时，总像无事之时那样镇定自若，才可以消除局势中的危机。

【点评】

　　此处讲的是应事之法，强调通过主观心态的调节，最平顺地处理好人生中的各种情况，具体来说，就是有备无患、临危不乱。这种功夫不是一朝一夕所能获得，需要长期的、有意识的准备和训练。《尚书》说"惟事事，乃其有备，有备无患"、《左传》说"《书》曰：'居安思危。'思则有备，有备无患"，都在反复申明这个道理。虽然日常无事，也不要松懈麻痹，要有危机意识，注意将隐患消除在萌芽状态，最大限度地防止意外事件的发生。一旦有事，也不要方寸大乱，要尽量像平时那样镇定，这样才能对局势做出准确判断，拿出正确的处理方案。关于"镇定出智慧"，有个小故事：某博物馆被盗，丢失了10件珍贵的文物，好在最珍贵的钻戒没有被盗。警方多次努力，也找不到破案线索，事发后一直十分冷静的馆长却提议让电视台采访他。于是观众看到这样的采访镜头：记者问"多少文物失盗"，馆长答"丢失了11件文物"；记者问"这些文物很珍贵吗"，馆长答"都很珍贵，特别是一枚钻戒，价值连城"。时隔不久，警方得到线索，顺利破案。线索来源很简单：几个盗贼因为斗殴而被警方抓获，斗殴原因竟然是相互猜疑究竟是谁私藏了第11件文物——那枚价值连城的钻戒。

　　遇事只一味镇定从容，纵纷若乱丝，终当就绪；待人无半毫矫伪欺隐，虽狡如山鬼，亦自献诚。

【译文】

遇事只要一直保持镇定从容，纵然局面纷繁复杂，宛若混乱的丝线，最终总会理出头绪；待人只要没有半毫矫饰虚伪、欺骗隐瞒，即使对方像山中鬼魅那般狡诈，也终会受到感动，自动拿出一份赤诚。

【点评】

处事待人是不可回避的人生课题，此处阐明这两个课题的基本原则：处事要镇定，待人要真诚。明代陈沂《畜德录》中记载了章公懋以诚待人的故事：章公懋是南京国子监祭酒，有个监生请假，借口说自己一个人干不完活儿，拿不到薪水，日常生活有困难，要去请人帮忙。章公懋听了很惊讶，说："薪水的确不能有闪失啊，这可怎么办啊？"脸上不禁流露出替监生担忧的神色。他让这个监生赶紧去找帮手，并说事情解决之后，一定要告诉他。那个监生退下来后，很后悔自己欺骗了章公懋，说："先生一片诚心待我，我怎能骗他呢？"第二天，他去回复章公懋，说明实情，请求章公懋原谅。

肝肠煦若春风，虽囊乏一文，还怜茕独①；气骨清如秋水，纵家徒四壁，终傲王公。

【注释】

①茕（qióng）独：孤独无依。

【译文】

肝胆心肠像春风一样温暖，虽然口袋里没有一枚铜板，还会怜悯孤独无依之人；气节风骨像秋水一样清澈，纵然家中徒有四壁，照样可以傲视王公贵族。

【点评】

此处描绘了儒家理想的君子形象：他内有仁心，外具傲骨；他像春风一样温暖，像秋水一样明澈；他对弱者怀着强烈的悲悯之情，他对权势绝不卑躬屈膝。南朝有个名叫裴子野的人，是史学家裴松之的曾孙，以孝行著称，而且心地仁善，远亲旧属中凡是陷于饥寒而无力自救者，他都收养他们。他家平时就清寒贫穷，又不时碰上水旱灾害，用二石米煮成稀粥，也只够每人喝。他与大家一起喝清粥，却从来没有显出埋怨的神情。颜之推对他十分钦佩，特意将其写入《颜氏家训·治家》，作为子孙后代学习的榜样。

费千金而结纳贤豪，孰若倾半瓢之粟，以济饥饿之人；构千楹而招来宾客①，孰若葺数椽之茅，以庇孤寒之士。

【注释】

①楹（yíng）：厅堂的前柱。用作房屋计量单位，屋一列或一间为一楹。

【译文】

花费千两黄金结交贤士豪杰，怎比得上倾倒半瓢粟米，去救济忍饥挨饿的人们？建构千间巨厦招徕宾客，怎比得上修葺几间茅屋，去庇佑贫寒无依的士人？

【点评】

此处强调在人际关系方面如何做出选择，是选择结交那些可能给自己带来利益的高层人士，还是救助那些缺乏回报能力的弱势群体。作者认为应该选择后者。在这种选择的背后，其实是一颗仁人爱物之心。具有这种胸怀的人，也许经济条件非常窘迫，却会竭尽所能去帮助那些需要帮助的人。唐代诗人杜甫因为战乱而漂泊流离，勉强容身的茅屋又被大风吹坏，屋漏无眠的长夜中，他所想的却是"安得广厦千万间，大庇天下寒士俱欢颜，风雨不动安如山。呜呼，何时眼前突兀见此屋，吾庐独破受冻死亦足"。在这位伟大诗人的身上，不仅具有"达则兼济天下"的志向，更可贵的是这种舍身济物、悲天悯人的情怀。

市恩不如报德之为厚，雪忿不若忍耻之为高，要誉不如逃名之为适，矫情不若直节之为真。

【译文】

施恩买好，不如报答恩德更为厚道；洗雪怨愤，不如忍受耻辱更为高尚；猎取荣誉，不如逃避声名更为美好；掩饰真情，不如正道直行更为真实。

【点评】

同是对别人好，为了取悦于人而对其施以恩惠是出于自私的目的，知恩图报则透露出人性中的真诚与善良；同是受到别人欺辱，用暴力洗雪怨愤，近乎把自己不愿接受的待遇又施加到别人身上，忍耐克制则不仅避免直接冲突，而且能够增益个人的德行。在名誉问题上，与其费尽心机沽名钓誉，宁可逃避名声带来的麻烦；从行事角度而言，曲意矫情会失去真诚的本性，正道直行才能活出自己的样子。

"汉初三杰"之一的韩信年轻时非常穷困，到处蹭饭吃，许多人都讨厌他。有一次，他在淮阴城下钓鱼，几位老太太在河边漂洗丝絮，有位善良的老人看见韩信饥饿难耐，就把自己的饭菜拿给他吃，接连几十天都是这样，直到漂洗完毕。韩信很高兴，对老太太说："我一定重重报答您老人家。"老太太生气地说："大丈夫不能养活自己，我是可怜你这位落魄王孙，才给你饭吃，难道是指望你报答吗？"淮阴市上有个杀猪卖肉的年轻人侮辱韩信说："你虽然长得人高马大，好带刀剑，我看你也就是个胆小鬼罢了。"他在大庭广众之下向韩信挑衅说："你要是不怕死，就捅我一刀，否则就从我胯下爬过去！"韩信仔细打量他一番，俯下身体，从他胯下匍匐着爬了过去。整个市场的人全都笑话韩信，认为他怯懦无能。韩信被封为楚王后，专程拜访漂絮的老人，送上千两黄金作为酬谢；他又召来曾经当众凌辱他的那个年轻人，让他做了中尉，还对部下说："这是位壮士。当他凌辱我时，难道我真杀不了他吗？杀了他又不会出名，所以我就忍耐下来，所以才有今天哪。"韩信千金酬漂母、忍辱淮阴市，受到后人的称赞。

　　救既败之事者，如驭临崖之马，休轻策一鞭；图垂成之功者，如挽上滩之舟，莫少停一棹。

【译文】

挽救已成败局的事情，如同驾驭临近悬崖边缘的骏马，休再轻轻驱策一鞭；谋求即将完成的功业，如同牵挽逆水行于河滩的舟船，不能稍稍停下一桨。

【点评】

逆水行舟，不进则退；临崖之马，轻策即失。作者通过这两个十分形象的比喻，提醒人们如何正确应对两种极端情况：事情眼看已成败局，弥补措施刻不容缓，但是形势越是危急，心中就越不能着急；多一分谨慎，就多一分回旋的余地，以免无可挽回。事业显然胜利在望，收尾工作轻而易举，但是工作越是轻松，心中就越不能放松；多一分紧迫，就多一分成功的把握，以免功亏一篑。

少年的人，不患其不奋迅①，常患以奋迅而成卤莽，故当抑其躁心；老成的人，不患其不持重，常患以持重而成退缩，故当振其惰气。

【注释】

①奋迅：形容鸟飞或兽跑迅疾而有气势。指精神振奋，行动迅速。

【译文】

对于年纪轻轻的人，不担心他不行动迅速，却常担心他因为过于迅速而导致粗疏鲁莽，故而应当抑制他的浮躁之心；对于上了年纪的人，不担心他不稳重谨慎，却常担心他因为过于稳重而导致畏缩不前，故而应当振奋他的衰惰之气。

【点评】

人之性情各有不同，"江山易改，本性难移"，不一定都和年龄相关。少年未必皆能奋迅、皆有躁心，年长者也未必皆能老成、皆有惰气，此处所谓"少年"、"老成"，与其说是指年龄，不如说是指心态。《论语·先进》中说：子路问孔子："听到什么道理，就立即行动起来吗？"孔子回答说："你有父亲兄长在，怎能听到什么道理就立即实行呢？"冉有也来问同样的问题，孔子却说："应该听到后就去实行。"两个学生请教同一个问题，孔子给出的答案却截然相反，这让公西华迷惑不解，去向老师请教，孔子解释说："冉有为人懦弱，做事缩手缩脚，所以我鼓励他勇于行动；子路勇武过人，一个顶俩，所以我要让他谦虚退让，学会听取别人的意见。"同是"知行"之道，"求也退，故进之；由也兼人，故退之"，孔子对两个学生的性格十分了解，抑子路之躁心、振冉有之惰气，可谓恰到好处。

舌存常见齿亡，刚强终不胜柔弱；户朽未闻枢蠹①，偏执岂能及圆融②？

【注释】

①枢：门的转轴或承轴之臼。
②圆融：佛教语。破除偏执，圆满融通。

【译文】

舌头存留，却常见牙齿脱落，可见刚强终究无法战胜柔弱；门板朽烂，却从没听说门轴蛀蚀，片面固执岂能比得上圆满融通？

【点评】

西汉刘向《说苑》中记载了春秋时期道家学派创始人老子的一则轶事：老子的老师常枞病重，老子前去探望，问道："先生病成这样，有什么遗教可以告诉弟子吗？"常枞告诉他：经过故乡要下车步行，因为人不能忘故；从乔木下面经过要快走，因为人要懂得敬老。最后常枞张开嘴巴，对老子说："我的舌头还在吗？"老子说："在！""我的牙齿还在吗？"老子说："都掉光了。"常枞问："你知道其中的道理吗？"老子说："舌头之所以还在，不就因为它柔软吗？牙齿掉了，不就因为它刚硬吗？"常枞高兴地说："对呀！天下的事理都在这里面了，我还能再告诉你什么呢？"柔弱如舌的东西富有韧性，不易折断，坚硬如齿的东西往往不能长久保有。老子深刻领悟了老师告诉他的"齿亡舌存"之理，所以"柔弱胜刚强"、"坚强处下，柔弱处上"、"弱之胜强，柔之胜刚"等说法在其著作中反复出现。至于"户朽枢蠹"，就是我们常说的"流水不腐，户枢不蠹"，语出《吕氏春秋·尽数》，原文中说："流水不腐，户枢不蝼，动也。"流动的水不会腐败，转动的门轴不生蠹虫，人们思考问题、处理事情也要懂得灵活变通，不能一味偏执顽固。

评　议

　　君子好名，便起欺人之念；小人好名，犹怀畏人之心。故人而皆好名，则开诈善之门；使人而不好名，则绝为善之路。此讥好名者，当严责夫君子，不当过求于小人也。

【译文】

　　有地位、有见识的君子如果喜好名声，就会兴起欺骗别人的念头；没地位、没见识的小人如果喜好名声，还会怀有畏惧别人的心思。因此，如果人人都喜好名声，就会打开假装为善的大门；假使人人都不喜好名声，就会断绝积德行善的道路。由此看来，如果讥讽喜好名声的行为，应当严格要求才德出众的君子，而不应当过于苛求识见浅狭的小人。

【点评】

　　追求虚名令誉，几乎是儒道两家一致谴责的行为，洪应明则认为不可一概而论，应该有所区别对待：对地位高、修养好的君子要求严格，对地位低、教养差的小人要宽容些，这样既可杜绝为了虚名而做出伪善之举，也可鼓励人们为了名声而多做善事。其实，南北朝时的颜之推对此早有精到论述，《颜氏家训·名实》中记载：有人问颜之推："一个人的灵魂湮灭、形体消失之后，遗留在世间的名声就像蝉蜕下来的壳、蛇蜕掉的皮或鸟兽留下的足迹，如此看来，名声与死者有什么关系，而圣人要把它作为教化的内容呢？"颜之推回答说："那是为了勉励大家啊，勉励一个人去树立好的名声，就可以指望它的实际行动与名声相符。况且我们勉励人们向伯夷学习，成千上万的人就可树立起清白的风气；勉励人们向季札学习，成千上万的人就可树立起仁爱的风气；勉励人们向柳下惠学习，成千上万的人就可以树立起坚贞的风气；勉励人们向史鱼学习，成千上万的人就可以树立起刚直的风气。所以圣人希望世上芸芸众生，不论其天资禀赋有何差异，都纷纷起而仿效伯夷等人，使这种风气连绵不绝，这难道不是一件大事吗？这世上众多的庶民，都是爱慕名声的，应该根据他们的这种感情而引导他们达到美好的境界。""四海悠悠，皆慕名者"，不承认这个事实，一味强求每个人都完全摒除追求声名的愿望，都像圣人那样，怎么可能呢？

持身涉世，不可随境而迁。须是大火流金而清风穆然①，严霜杀物而和气蔼然②，阴霾翳空而慧日朗然③，洪涛倒海而砥柱屹然，方是宇宙内的真人品。

【注释】

①流金：高温熔化金属。多形容气候酷热。穆然：和畅、美好的样子。

②严霜：凛冽的霜，浓霜。蔼然：温和、和善的样子。

③阴霾（mái）：天气阴晦、昏暗。翳（yì）：遮蔽，隐藏，隐没。慧日：佛教语，指普照一切的法慧、佛慧。朗然：光明、明亮的样子。

【译文】

修养身心、经历世事，不可以随着外界环境的变化而发生迁改。必须做到即使赤日炎炎，流金铄石，胸中却有清风习习，和畅美好；即使寒霜凛冽，万物凋零，胸中却有冲和之气，温暖如春；即使阴云密布，天昏地暗，内心却有慧日普照，光芒万丈；即使洪涛巨浪，翻江倒海，内心却有中流砥柱，岿然不动，这才是天地之间真实不虚的人格品行。

【点评】

做人要有自己的原则，不能因为客观环境变化而失去主心骨，成为"变色龙"。北宋著名政治家范仲淹写过一篇脍炙人口的《岳阳楼记》，文章中说：在这"北通巫峡，南极潇湘"的洞庭湖上，汇聚过无数"迁客骚人"，他们的"览物之情"呈现两种截然相反的状态：

若夫霪雨霏霏，连月不开，阴风怒号，浊浪排空；日星隐耀，山岳潜形；商旅不行，樯倾楫摧；薄暮冥冥，虎啸猿啼。登斯楼也，则有去国怀乡，忧谗畏讥，满目萧然，感极而悲者矣。

至若春和景明，波澜不惊，上下天光，一碧万顷；沙鸥翔集，锦鳞游泳；岸芷汀兰，郁郁青青。而或长烟一空，皓月千里，浮光跃金，静影沉璧；渔歌互答，此乐何极！登斯楼也，则有心旷神怡，宠辱偕忘，把酒临风，其喜洋洋者矣。

因为所览之"物"或阴暗，或明丽，登楼之人或感极而悲，或喜气洋洋，虽然看起来天差地别，却有一个共同之处，就是他们的思想情绪完全被外物影响和控制。同为"迁客骚人"的范仲淹却说：古代仁人志士的心胸与这两种人全都不同，他们"不以物喜，不以己悲"，超越于外界环境与自身境遇之上。仁人之忧只在江山社稷，"居庙堂之高则忧其民，处江湖之远则忧其君"，与个人的进退穷通没有关系；仁人的忧乐不因观光览物而被触发，他们"先天下之忧而忧，后天下之乐而乐"，完全出于理性。《菜根谭》一连用了流金大火中的清风、摧物严霜中的和气、密布阴云中的慧日、倒海洪涛中的砥柱等四个比喻，其所形容中的"真人品"，虽然侧重强调人格品质，其胸襟气度大抵也是如此吧。

宁有求全之毁，不可有过情之誉；宁有无妄之灾①，不可有非分之福。

【注释】

①无妄之灾：《易·无妄》："六三，无妄之灾。或系之牛，行人之得，邑人之灾。"谓行人得牛，而邑人受诬遭灾。后称平白无故受害为"无妄之灾"。

【译文】

宁可因为追求完美而遭人责备诋毁，也不可接受超过实际情形的赞誉；宁可承受平白无故的灾害，也不可希求不合本分的福祉。

【点评】

这里讲的是如何正确对待毁誉与祸福。

诋毁和赞誉是外界对一个人的评价，虽然被评价者可以通过加强自身的才德修养来引导评价方向，却不能完全控制别人说什么，怎么说。作为一个有道君子，一方面要致力于追求自身品行的完美，哪怕因此而受人诋毁，另一方面也要告诫自己绝不接受超过实际才德的赞誉，"声闻过情，君子耻之"。孟子有个学生名叫徐辟，问孟子说："仲尼先生对水赞不绝口，说'水好啊！水好啊！'他到底看中了水的哪一点呢？"孟子说："有源的泉水滚滚流出，日日夜夜从不停息，先填满了低陷不平的地方，然后继续向前，奔流入海，有本有源的水就像这样，孔子就是看中了水的这一点吧。至于那个无源之水，就像七八月间的大雨汇集起来的水，虽然可以填满沟渠，但是雨停之后，沟渠里的水很快就会干涸。所以，名声超过实际才德，君子认为是可耻的。"

　　"非分之福，无故之获，非造物之钓饵，即人世之机阱"，那些并非自己分内应享的福分和无缘无故得到的财物，不是上天投来的钓饵，就是坏人设下的机关陷阱。如果在这些地方不能放宽眼界、睁大眼睛，往往就会掉进骗术之中。

　　毁人者不美，而受人毁者，遭一番讪谤，便加一番修省，可以释回而增美①；欺人者非福，而受人欺者，遇一番横逆②，便长一番器宇，可以转祸而为福。

【注释】

①释回而增美：《礼记·礼器》："礼，释回，增美质。"郑玄注："释，犹去也；回，邪辟也；质，犹性

也。"后以"释回增美"谓去除邪僻，增加美善。

②横（hèng）逆：横暴无理的行为。

【译文】

诋毁别人的人形象不美，但是受到诋毁的人，遭受一番讥讪毁谤，便会增加一番修身反省的工夫，可以去除邪僻，增加美善；欺侮别人的人不会幸福，但是受到欺侮的人，遇到一番横暴无礼，便会增长一番度量胸怀，可以把祸患转变为福事。

【点评】

这里讲的是如何正确对待诋毁和欺骗：诋毁别人是恶行，诋毁者不能因此而使自己的形象变得美好，反而会遭受损害；被毁者则可以因此而自我反省，使自己变得更加完美。欺骗别人是坏事，骗人者不会因此而获得幸福，被骗者则可以"吃一堑，长一智"，使自己的心胸气度更加开阔，等于把祸事变成了福分。这样算过两笔账，即使遭受诋毁和欺骗，人也不会让自己深深陷在愤恨、痛悔等消极情绪之中，心平气和地迈过这道坎儿，迎接更美好的生活。

梦里悬金佩玉①，事事逼真，睡去虽真觉后假；闲中演偈谈玄②，言言酷似，说来虽是用时非。

【注释】

①悬金佩玉：形容官服盛装。金，金印，或指金制饰物。

②偈（jì）：佛经中的唱颂词，通常以四句为一偈。谈玄：谈论玄理，亦指谈论宗教义理。

【译文】

睡梦里悬挂金印，佩戴玉石，每件事都真真切切，可惜睡着后的这些真实，醒来时才发现都是假的；空闲时演绎佛经中的偈颂，谈论道家的玄理，每一句话听起来都很像那么回事儿，可惜说起来虽然全都正确，应用时却全都变成错的。

【点评】

有的人总是期望封官封侯、悬金佩玉，日有所思，夜有所梦，事事逼真，历历在目，醒来后才发觉都是假的；有的人平日里谈佛论道，讲学参禅，俨然得道高人，可是事到临头，那些高谈阔论全都对不上号儿。魏晋时的名士王衍，就是这种"说来虽是用时非"的典型人物。他家世尊贵显赫，容貌清爽秀丽，举止风流潇洒，言论精辟透彻，以孔门高徒子贡自居。他起初好谈战国纵横之术，慷慨激昂，似乎有苏秦、张仪的治国长策，又有鲁仲连那种替人排忧解难、不求功名的胸襟，很是唬住了一批人。恰好赶上胡人侵扰边境，有人推荐王衍出任辽东太守。王衍本质上只是一个能耍耍嘴皮子功夫的绣花枕头，真要让他上阵，他马上退缩了，从此再不敢谈论世事，改谈虚无缥缈、不着边际的老庄玄学，成为摇着麈尾的清谈领袖，而且逐渐做到司徒的高位，成为当权者东海王司马越最倚重的助手。西晋末年，羯人首领石勒的军队攻陷都城洛阳，西晋王室仓皇南逃，司马越途中病死，临终前将国事全盘托付王衍。王衍尽管仍要百般推脱，却身不由己地成了六军主帅。这位清谈名士自然无力指挥丧魂落魄的军队，结果全军覆没，王衍也被俘被杀。他一生的所作所为，被后人概括为"清谈误国"四字，受到严厉谴责，背负千载骂名。

鹪占一枝，反笑鹏心奢侈①；兔营三窟②，转嗤鹤垒高危。智小者不可以谋大，趣卑者不可与谈高，信然矣！

【注释】

① "鹪（liáo）占"两句：《庄子·逍遥游》："鹪鹩巢于深林，不过一枝。"鹪，鹪鹩，常取茅苇毛毳为巢，大如鸡卵，系以麻发，于一侧开孔出入，甚精巧，故俗称巧妇鸟。此鸟形微处卑，因用以比喻弱小者或易于自足者。

② 兔营三窟：即"狡兔三窟"。《战国策·齐策四》："狡兔有三窟，仅得免其死耳；今君有一窟，未得高枕而卧也；请为君复凿二窟。"后以"狡兔三窟"喻藏身处多，便于避祸。

【译文】

鹪鹩占据一根树枝筑巢，反倒嘲笑展翅高飞九万里的大鹏鸟一心追求过分的享受；野兔在平地上营建三处洞穴，反倒嗤笑白鹤的巢穴又高又险。智慧浅小的人没有能力谋划宏图大业，趣味低下的人没有能力谈论高情远志，确实如此啊！

【点评】

每个人都生活在自己的局限之中，局限我们的，既有此处提到的智力水平和趣味品位，还有文化背景、成长环境、思维模式等，所以"智小者不可以谋大，趣卑者不可与谈高"虽然确是"信然"，可是我们却不可因为自己碰巧显得"智大"或者"趣高"而沾沾自喜。《庄子·逍遥游》中说：知了和斑鸠一辈子只在树梢间飞上飞下，它们不理解大鹏鸟为何要先飞上九万里高空，然后才展翅飞往南方，因为生活环境限制了它们；朝生暮死的菌类不知道"一个月"是什么概念，夏生秋死的寒蝉不知道"一年"是多长时间，因为寿命长度限制了它们。那些智慧可以胜任一官之职、品行可以团结一乡之人、道德可以投合一国之君、能力可以赢得全国信任的人，却免不了遭受"举世而誉之而不加劝，举世而非之而不加沮，定乎内外之分，辩乎荣辱之境"的宋荣子的嘲笑；可是宋荣子比起那"无己"的至人、"无功"的神人、"无名"的圣人来说，还差得远着呢！接舆告诉肩吾说：藐姑射之山上住着一位神仙，肌肤洁白若冰雪，体态柔美如处女，不食五谷，吸风饮露，乘云气，驾飞龙，遨游于四海之外。她的精神专一凝聚，能使万物不受病害，年年五谷丰登。肩吾认为接舆大话连篇，就像天上的银河那样没有边际，跟一般人的言谈差异甚远，去向连叔请教。连叔却对肩吾说："对于瞎子，没办法同他们谈论花纹和色彩；对于聋子，没办法跟他们谈论钟鼓的乐声。难道只是形骸上有聋与瞎吗？思想上也有聋和瞎呀！这话似乎就是说你肩吾的呀！"我们每个人的智力都有盲区，如果别人跟我们差距不大，也许还有比较的可能；如果差距太大，超出我们智力理解的水平，也许我们连"比较"都意识不到了。

琴书诗画，达士以之养性灵，而庸夫徒赏其迹象；山川云物，高人以之助学识，而俗子徒玩其光华。可见事物无定品，随人识见以为高下。故读书穷理，要以识趣为先。

【译文】

琴书诗画，通达之士以之怡养性情，平庸之人却只会欣赏它们的外在形式；山川云物，高明之人以之助长学识，凡俗之人却只会玩赏它们明丽的色彩。由此可见，客观事物并没有一定的品味，而是跟随欣赏之人的学识见解而表现出高下之别。故而阅读书籍、探究物理，都要以提高自己的识见志趣为首要目标。

【点评】

达士以琴书自愉，借诗画遣兴；庸人热衷于此，或仅为皮毛之见，或纯粹出于附庸风雅；高人欣赏山川云物，领悟到自然或人生的妙理，俗子却只能走马观花，见其皮相而已。人们面对的客体并无差别，差别只在人的学识和趣味。晚明张岱《陶庵梦忆》中有一篇描写各色人等七月十五看西湖的小品文，颇为有趣，文章一上来就说："西湖七月半，一无可看，止可看看七月半之人。"在作者看来，七月半看月之人可以分为五类看：一是"名为看月而实不见月"的达官贵人；二是"身在月下而实不看月"的名门闺秀；三是"亦在月下、亦看月，而欲人看其看月"的名妓闲僧；四是"月亦看、看月者亦看、不看月者亦看，而实无一看"的市井之徒；五是"看月而人不见其看月之态，亦不作意看月"的文人雅士。这五类人都成了作者眼中的风景。杭州人平时游西湖都选大白天，"避月如仇"，但是七月半这天为了附庸"看月"虚名，"逐队争出"，像赶庙会，"二鼓以前，人声鼓吹，如沸如撼，如魇如呓，如聋如哑。大船小船一齐凑岸，一无所见，止见篙击篙、舟触舟、肩摩肩、面看面而已"。没过多久，又"灯笼火把如列星，一一簇拥而去"。等到喧嚣的游人散尽，"月如镜新磨，山复整妆，湖复颒（huì）面"，那些真正懂得欣赏的人们才轻歌慢饮，在湖光山色中消磨整个夜晚，然后在十里荷花中做个惬意的清梦。在这七月半的西湖上，喧哗与清寂、庸俗与高雅形成鲜明对照，足证"事物无定品，随人识见以为高下"。

贫贱所难，不难在砥节，而难在用情；富贵所难，不难在推恩，而难在好礼。

【译文】

贫穷卑贱之人，不难在砥砺气节，而难在表达真情；富裕尊贵之人，不难在广施恩惠，而难在遵循礼节。

【点评】

"富贵不能淫，贫贱不能移"，这话说起来虽然豪迈，毕竟唯有"大丈夫"才能做到。至于普通人，不论贫贱还是富贵，都可能成为无法跳出的牢笼、不能超越的障碍：

贫贱使人处于社会底层，能在恶劣的生存条件中不丧失气节、不改变志向，这已十分不易，可是更艰难的却是坦然面对贫贱、失意却不忘形；富贵使人高高在上，能向需要帮助的人伸出援手，相对来说比较容易，但是，最困难的是在做这些事情的时候，对援助对象保持应有的礼节。孔子曾经说过，子路虽然穿着破旧的丝棉袍子，与穿着狐貉皮袍的人站在一起，却不认为羞耻；《礼记·檀弓》中则说，灾荒之年，黔敖在大路上准备饮食，施舍给来往的饿人，可是他虽能舍得家财，却端着高高的架子，对饥饿的路人说："喂！来吃！"即使只有一件散衣缊袍，也能把它穿得坦坦荡荡，气宇轩昂，像子路那样，这就要求贫贱者把自己真正当人看；即使愿意拿出所有财富与别人共享，也不能盛气凌人，把财富当成炫耀自己、蔑视他人的资本，要把别人真正当人看。

古人闲适处，今人却忙过了一生；古人实受处，今人反虚度了一世。总是耽空逐妄，看个色身不破①，认个法身不真耳②。

【注释】

①色身：佛教语，即肉身。色，佛教指一切可以感知的形质。

②法身：佛教语。梵语意译。谓证得清净自性，成就一切功德之身。"法身"不生不灭，无形而随处现形，也称为佛身。

【译文】

古人活得优游自在，今人却忙忙碌碌过了一生；古人实实在在享受生活，今人反倒白白地度过一世。总是因为今人沉湎于空洞的幻想、追逐虚妄的目标，不能看破虚幻的肉身，不能认清不生不灭的法身。

【点评】

"忙"是一种现代病，生活在二十一世纪的我们，对于此"病"已经习以为常；我们觉得古人自然是生活在"闲适"中的，《陶庵梦忆》中的晚明人张岱、《闲情偶寄》中的清初人李渔，日子过得多么悠闲而充满情趣啊！不料，远比他们为"古"的洪应明却说："古人闲适处，今人却忙过了一生"，他的感慨几乎与我们是一样的。明代中后期商品经济发展，奢靡享乐成为社会风尚，人们重视饮食生计，追求感官享受，熙熙攘攘追名逐利的状况远比此前为甚，洪应明的感慨正由此而生。如此看来，"忙"之为病，古人与今人并没有什么本质上的不同，因为它源于人的欲望，可以算作一种"心病"。洪应明提醒"今人"不要被那些虚幻的目标迷惑，要认清人生中真正重要的东西，实实在在地享受生命。他的提醒，何尝不能直接移用于我们这些"今人"。我们不能一路跑步冲向生命的终点，而应该试着放慢脚步，欣赏沿途美丽的风景，在"慢生活"中切切实实地享受人生。

芝草无根醴无源①，志士当勇奋翼；彩云易散琉璃脆②，达人当早回头。

【注释】

①"芝草"句：语出虞预《会稽典录》："天之福人不在贵族，芝草无根，醴（lǐ）泉无源。"芝草，灵芝，菌属，古以为瑞草，服之能成仙。醴，甘甜的泉水。

②琉璃：原指一种有色半透明的玉石，后指用铝和钠的硅酸化合物烧制成的釉料，常见的有绿色和金黄色两种，多加在黏土的外层，烧制成缸、盆、砖瓦等。

【译文】

珍贵的灵芝没有根基，甘甜的醴泉没有源头，所以有志之士应当勇往直前，奋翅高飞；美丽的彩云容易消散，晶莹的琉璃脆薄易碎，所以贤达之人应当及早醒悟，回头是岸。

【点评】

三国时期，虞翻被吴主孙权流放到遥远的南方。他给弟弟写信，请他替儿子寻一门亲事，特别叮嘱不必高攀名门大姓，"远求小姓，足以生子"就可以了。当时人联姻，极其重视门第，虞翻精通《周易》，认为"天之福人，不在贵族，芝草无根，醴泉无源"，人要自求多福。治病的灵芝没有严密庞大的根系，清甜的泉水往往没有深厚的源头，人们欣赏虞翻的精辟比喻，常常引用此语，"醴泉无源，芝草无根，人贵自勉；流水不腐，户枢不蠹，民生在勤"，就是广为流传的联语，《菜根谭》也以之勉励人们勇于进取，自强不息，不过后面仍然跟着一个知止回头的告诫：绚丽的云彩容易消逝，精致的琉璃容易破碎，正像这些过于美好的东西往往难以长久，对于人生路上的种种诱惑，也不宜过分迷恋，"一往无前"的姿态，洪应明是不会欣赏的。他的这种人生辩证法，也值得我们深思。

少壮者，事事当用意而意反轻，徒泛泛作水中凫而已，何以振云霄之翮①？衰老者，事事宜忘情而情反重，徒碌碌为辕下驹而已，何以脱缰锁之身？

【注释】
①翮（hé）：鸟羽的茎，中空透明。亦指鸟的翅膀。

【译文】
年轻力壮的人，对待每一件事都应当用心用意，却反而漫不经意，轻轻飘飘，只能做水面上一只普普通通的野鸭而已，怎能振翅高飞到云霄之中？力衰年老的人，对待每一件事都应当了无牵挂，却反而用情深重，难以割舍，只能做车辕下一只繁忙劳苦的马驹，怎能挣脱缰绳锁链，获得自由之身？

【点评】
人生不同阶段，应有不同的修养重点。年轻力壮时，应该尽心尽力做好每一件事，可是由于血气未定，容易心浮气躁，马虎从事。如果此时不能刻意约束自己，纵然志向高远，亦很难实现。而到年老体衰之时，应该学会舍弃，最忌贪得无厌，孔子说"君子有三戒"，其一就是"及其老也，血气既衰，戒之在得"。可是很多人想到来日无多，不

仅没有学会放手，反而变本加厉地贪婪，拼命争名、夺位、
挣钱，不仅晚节不保，亦殊失养生之道。

　　帆只扬五分，船便安；水只注五分，器便稳①。
如韩信以勇略震主被擒②，陆机以才名冠世见杀③，
霍光败于权势逼君④，石崇死于财赋敌国⑤，皆以十
分取败者也。康节云："饮酒莫教成酩酊，看花慎勿
至离披。"⑥旨哉言乎！

【注释】

①器：敧器，古代一种倾斜易覆的盛水器，水少则倾，
　中则正，满则覆。

②韩信（约前231—前196）：淮阴（今江苏淮安）人，
　西汉开国功臣，与萧何、张良并称"汉初三杰"，
　刘邦评价说："战必胜，攻必取，吾不如韩信。"韩
　信曾先后被封为齐王、楚王，后遭高祖刘邦疑忌，
　贬为淮阴侯，最后以谋反罪被处死。

③陆机（261—303）：字士衡，吴郡吴县（今江苏苏
　州）人，西晋文学家、书法家，"少有奇才，文章冠
　世"，被誉为"太康之英"。"八王之乱"中，成都王
　司马颖任用陆机为后将军、河北大都督，率军讨伐
　长沙王司马乂，兵败受谗，为司马颖所杀。

④霍光（？—前68）：字子孟，河东平阳（今山西临
　汾）人。初为武帝后期重要谋臣，后为汉昭帝的辅
　政大臣。昭帝病逝后，立武帝之孙刘贺，不久将其

废掉，立武帝曾孙刘询，是为宣帝。霍光前后执掌汉室最高权力近二十年，权倾朝野，霍氏子弟姻亲纷纷担任要职。霍光死后三年，宣帝以谋反罪诛灭霍氏家族。

⑤石崇（249—300）：字季伦，渤海南皮（今河北沧州南皮县）人。为晋武帝器重，初封中郎将，后任荆州刺史等职，升太仆。石崇是西晋首富，在洛阳附近修建金谷别业，生活极度奢华。"八王之乱"中，石崇失势，因拒绝孙秀索要美女绿珠而遭其诬毁，获罪被杀。石崇被押往刑场时感叹说："这帮奴才就是贪图我的家财。"押送者说："你知道家财会招灾惹祸，何不早早散掉？"石崇无话可说。

⑥"饮酒"二句：语出北宋邵雍《安乐窝》，原作"饮酒莫教成酩酊（mǐngdǐng），赏花慎勿至离披"。酩酊，大醉的样子。离披，纷纷下落的样子。

【译文】

帆只扬起一半，舟船便能安然前行；水只注入一半，欹器便能稳稳当当。韩信因为勇敢和谋略使君主畏忌而被擒获，陆机因为才华名望超人出众而被杀害，霍光因为权位势力逼迫君主而倾覆败亡，石崇因为家财万贯富可敌国而身首异处，他们都是因为做到十分才招来祸患的。邵康节说："饮酒不要喝得酩酊大醉，看花千万不要看到落花纷飞。"这话真是意味深长啊！

【点评】

持中戒满，几乎是中国古代各家各派不约而同的选择。

据说孔子到鲁桓公的宗庙里参观，看到一件奇形怪状、倾敧易覆的盛水器皿，注入很少的水就会倾斜，水量达到一半就会端正，水满之后就会翻倒。孔子问守庙的人这是什么器物，守庙的人说："这是放在君王座位右侧的器皿。"显而易见，这是提醒君王不能自满。扬到五分的船帆、注一半水的敧器，这是对于持中戒满的正面提醒；韩信勇略太高、陆机才名太大、霍光权势太盛、石崇财赋太多，这都成为他们的取败之道，这是列举反面事例，阐述持中戒满的道理。在哲人看来，这个道理应该贯彻到日常生活的一言一行之中，饮酒赏花，兴事乐事，都要适可而止。

失血于杯中，堪笑猩猩之嗜酒；为巢于幕上[①]，可怜燕燕之偷安。

【注释】

①为巢于幕上：燕子在随时可能撤走的帐幕上筑巢。语本《左传·襄公二十九年》："（吴公子札）自卫如晋，将宿于戚，闻钟声焉，曰：'异哉！吾闻之也，辩而不德，必加于戮，夫子获罪于君以在此，惧犹不足，而又何乐？夫子之在此也，犹燕之巢于幕上。'"后以"燕巢于幕"比喻处境非常危险。

【译文】

猩猩因为偷嗜美酒而遭到猎人捕杀，鲜血流到酒杯之中，真是让人觉得可笑；燕子在随时都会撤走的帐幕上筑巢，只图苟安而不计长远，真是让人觉得可怜。

【点评】

此处通过猩猩嗜酒殒命、燕子巢幕偷安，告诫人们不要因为贪图利益、贪图安逸而忽视了显而易见的危险。

《贤奕编·警喻》中收录了刘元卿的一篇寓言《猩猩嗜酒》：在动物中，猩猩有嗜好饮酒的习性。猎人在山路旁摆下美酒和大大小小的酒杯，还有连缀在一起的草鞋。猩猩一看就知道这是诱饵，还知道设置圈套之人的姓名，甚至连他们父母祖先的名字都知道，一一指名大骂。可是骂完以后，有的猩猩就对同伴建议少尝一点，谨慎一点，别多喝了。众猩猩早已按捺不住，先用小杯，后端大碗，边喝边骂猎人，越喝越馋，最后全然忘记警惕防范，直喝到酩酊大醉，相互挤眉弄眼，嬉笑玩耍，还把草鞋穿在脚上。猎人候准时机追捕它们，由于草鞋连在一起，猩猩乱作一团，全都被人捉住了。寓言结尾说："夫猩猩智矣，恶其为诱也，而卒不免于死，贪为之也。"

鹤立鸡群，可谓超然无侣矣。然进而观于大海之鹏[①]，则眇然自小[②]；又进而求之九霄之凤，则巍乎莫及。所以至人常若无若虚，而盛德多不矜不伐也。

【注释】

① 鹏：传说中最大的鸟。《庄子·逍遥游》："北冥有鱼，其名为鲲。鲲之大不知其几千里也。化而为鸟，其名为鹏。鹏之背不知其几千里也。怒而飞，

其翼若垂天之云。"

②眇（miǎo）然：弱小、微小的样子。

【译文】

野鹤立于鸡群之中，可以说是高超出众，没有能够与之匹敌的伴侣了。可是进而与大海之中的鹏鸟相比，就会发现自己实在是太渺小了；再进而与高飞云霄的凤凰相比，就会发现自己根本无法企及凤凰的高度。所以超凡脱俗的人常常虚怀若谷，品德高尚的人从不恃才夸功。

【点评】

《庄子·秋水》中说：秋水按时到来，百川注入黄河，河道陡然宽阔，站在岸边，看不清对岸牛马的样子。河伯欣然而喜，认为自己是天下最美的河流了。他乘兴顺流东行，来到海边，遥望东方，茫茫无尽。河伯的笑容凝固在脸上，双眼迷离地望着海神若，叹息着说："俗语说：'听过上百条道理，就认为天底下没人比得上自己。'说的就是我啊。"河伯"望洋兴叹"，在浩瀚无边的大海面前感到了自己的渺小。常言道："人外有人，天外有天。"当我们认为自己在某个方面很出色，不能因此而骄傲自满，因为世界很大，人口众多，很可能有人在这个方面比我们强上很多。不过，凡事适可而止，谦虚谨慎也是一样，不能因为过分自谦而变成自卑，理性的自信是我们做好事情的必要因素之一。

车争险道，马骋先鞭，到败处未免噬脐①；粟喜堆山，金夸过斗，临行时还是空手。

【注释】

①噬脐：自啮腹脐。喻后悔不及。

【译文】

在险峻的道路上行车还要争抢，骏马已在飞奔还要挥鞭，等到翻车落马，未免自啮腹脐，后悔莫及；喜欢粟米堆积如山，夸耀黄金用斗称量，临死之时还是两手空空，什么都不可能带走。

【点评】

此处形象描写车马飞驰、钱谷堆积之状，仍是反复告诫人不能深陷在盲目竞争与贪得无厌之中。《红楼梦》中，贾雨村闲步扬州郊外，曾见山环水旋、茂林深竹之处，隐藏着一座智通寺，门巷倾颓，墙垣朽败，庙门上有幅破旧的对联"身后有余忘缩手，眼前无路想回头"，"文虽浅近，其意则深"，想必是某个饱经世事动荡、或者遭受重大挫折变故后"翻过筋斗"、"看破世情"的人写的。此联对贾雨村颇有触动，可是"因嫌纱帽小，致使锁枷扛"的，却也正是这个资质悟性远超常人、大道理全都明明白白的人。

鹪恶铃而高飞，不知敛翼而铃自息；人恶影而疾走，不知处阴而影自灭。故愚夫徒疾走高飞，而平地反为苦海；达士知处阴敛翼，而巉岩亦是坦途①。

【注释】

①巉（chán）岩：险峻的山岩。

【译文】

鸽子厌恶铃声而振翅高飞，却不知道只要收拢翅膀，铃声自然就会息止；愚人厌恶影子而快速奔跑，却不知道只要待在阴暗的地方，影子自然就会消失。因此愚笨之人徒然疾走高飞，本来平平坦坦的地方，反而成为无穷苦境；通达之士知道置身阴暗、收拢翅膀，即使是险峻山岩，也会变成平坦大路。

【点评】

鸽子身上被拴了哨管，飞翔时空气冲击哨管而发出声音。鸽子为了躲开这种讨厌的声音而拼命高飞，结果不但没有摆脱，声音反而更急更响。只要敛翅停飞，声音自然就会息止，蠢笨的鸽子想不明白，结果被吓得魂飞魄散。《庄子·渔父》中说：有个人害怕自己的影子和脚印，一心想要甩开它们。可是他抬脚次数越多，留下的脚印越多；步子迈得飞快，影子仍不离身。他以为自己跑得还是太慢，于是拼命飞跑，一刻不停，结果力量用尽，气绝身死。只要待在阴暗的地方就没有影子，只要静止不动就没有脚印，蠢笨的人想不明白，结果葬送了性命。世间愚夫嘲笑恶铃之鸽与恶影之人，却看不到自己其实也在为了躲避虚幻的苦海、为了追求虚幻的幸福而徒然疾飞高走。他们费尽心力苦苦追求的东西，恰恰因为这种盲目的追求而丧失；只要停下脚步，就可以轻而易举地获取。

秋虫春鸟共畅天机，何必浪生悲喜；老树新花同含生意，胡为妄别媸妍①。

①媸（chī）妍：美丑。媸，丑陋。妍，美。

【译文】

秋日的鸣虫，春天的啼鸟，都能舒畅快乐地释放天赋性灵，何必因之而轻易生发悲喜之情；苍老的树木，新生的花朵，同样饱含着无限的生机，何必随便判别谁丑谁美？

【点评】

自古以来，中国文士就有伤春悲秋、感物伤怀的传统，暮春飘零的落花、深秋悲鸣的蟋蟀，都是诗文中反复出现的意象。享有"诗豪"美誉的中唐诗人刘禹锡，虽能唱出"自古逢秋悲寂寥，我言秋日胜春朝"的异调，也不免感慨"沉舟侧畔千帆过，病树前头万木春"。洪应明则说，秋虫春鸟都在享受着造物赋予它们的灵性，老树新花都在展示着自然赋予它们的生机，悲喜之情、媸妍之念，其实只是庸人自扰而已。如果我们能以平等的眼光看待世间每一个卑微的生命，能以平和的心境体会生命中每一个自然的阶段，就会看到世界和人生中更美丽的色彩。

大聪明的人，小事必朦胧；大懵懂的人，小事必伺察。盖伺察乃懵懂之根，而朦胧正聪明之窟也。

【译文】

真正聪明的人，在小事情上必定糊里糊涂；真正糊涂的人，在小事情上必定清清楚楚。大概因为在小事上明察秋毫，正是导致大事上糊里糊涂的根源；小事上糊里糊涂，正是能够在大事上明明白白的窦穴。

【点评】

"大知闲闲，小知间间"，才智超群的人广博豁达，只有点儿小聪明的人则乐于细察、斤斤计较。人的心智和精力都是有限的，精于此，必疏于彼。真正聪明的人懂得抓大放小，不在细枝末节的事情上分散太多精力；真正糊涂的人正好相反，他们总在鸡毛蒜皮的小事上纠缠不清，原本短浅的目光变得更加短浅，原本狭窄的心胸变得更加狭窄，这种思维模式和处事方法，势必影响对大事的判断与决策。

大烈鸿猷①，常出悠闲镇定之士，不必忙忙；休征景福②，多集宽洪长厚之家，何须琐琐。

【注释】

①烈：功业，业绩。鸿猷（yóu）：鸿业，大业。
②休：喜庆，美善，福禄。景福：洪福，大福。

【译文】

宏图大业，常常出于从容闲适、镇定自若的人士，没必要总是匆匆忙忙；美兆洪福，大多聚集在心胸宏阔、恭谨宽厚的人家，何必在那些琐屑小事上斤斤计较。

【点评】

有悠闲镇定的大气度，方能做成大事情；有宽洪长厚的大心胸，方能享受大福分。

提起"悠闲镇定",人们总会想到东晋宰相谢安。383年，东晋军队以寡敌众、以弱敌强，在淝水与前秦军队殊死决战，大获全胜。捷报传到都城建康，谢安正与客人下棋，看完书信，默默无语，继续下棋。客人问他前方战事怎样，谢安说："孩子们把敌人打得大败。"他的言谈举止，居然和平时没什么两样。

古人常在门口悬挂"忠厚传家久，诗书继世长"的对联，以修善修德自求洪福。如果家庭成员都能宽宏大量、恭谨宽厚，家庭内部关系就会亲密和睦，不会发生反目成仇、骨肉相残的悲剧；"家和万事兴"，和和顺顺、团结进取的家风，自然促使所有事情向好的方面发展，这就是无上洪福了。

贫士肯济人，才是性天中惠泽^①；闹场能学道，方为心地上工夫^②。

【注释】

①性天：天性，指人得之于自然的本性。语本《礼记·中庸》："天命之谓性。"

②心地：佛教语。指心。即思想、意念等。佛教认为三界唯心，心如滋生万物的大地，能随缘生一切诸法，故称。语本《心地观经》卷八："众生之心，犹如大地，五谷五果从大地生……以是因缘，三界唯心，心名为地。"宋后儒家用以称心性存养。

【译文】

贫穷士子却肯救济他人，才是得自天性的恩泽；热闹场中却能学习道艺，才是修身养性的工夫。

【点评】

济人施惠，必然意味着自己财物的减少，这对富人而言可能是九牛一毛，无关紧要，相对容易做到；对于贫士而言，则可能需要舍出身上衣、口中食，唯有天性善良方能做到。东汉末年有位高士，名叫司马徽，养蚕时节，有人向他要簇箔（供蚕结茧用的麦秸丛和养蚕用的席），他把自家养的蚕全都倒掉，撤下簇箔，送给对方。有人问他："对于普通人来说，只有别人状况紧急、自己状况和缓，才肯损害自己而去救济别人。现在彼此状况相同，你何必非把自己的簇箔撤下来给他呢？"司马徽说："这个人从未有求于我，现在他已开口求我，我不给他，会让他感觉羞惭，哪能因为吝惜财物而让人羞惭呢？"司马徽能替对方考虑得细致入微，损己以赡人，不愧为当世奇士。

人生只为"欲"字所累，便如马如牛，听人羁络；为鹰为犬，任物鞭笞。若果一念清明，淡然无欲，天地也不能转动我，鬼神也不能役使我，况一切区区事物乎！

【译文】

人生如果只被一个"欲"字牵累，便如马如牛，听任别人指使控制；如鹰如犬，听任别人鞭打杖击。假若真有一个清察明审的念头，淡泊名利，无欲无求，天地也不能转动我的心志，鬼神也不能役使我的身体，何况一切微不足道的事物呢！

【点评】

孔子曾经感慨地说："我就没见过一个刚强的人。"有人说："申枨刚强啊。"孔子说："枨也欲，焉得刚？"申枨是孔门七十二贤之一，学习刻苦，精通六艺，每次和人辩论，总是捍卫自己的观点，从不轻易让步，师兄弟们认为他和子路都是率性刚直的人。申枨后来避世隐居，授徒讲学，被尊称为"申子"。这样一个德高望重的人，在孔子看来，也因为不能完全摒弃私欲，故而不能真正刚直不阿，何况等而下之的芸芸众生？洪应明强调"若果一念清明"，则不仅可以不受制于人，而且可以傲视天地鬼神。

异宝奇琛①，俱是必争之器；瑰节琦行②，多冒不祥之名。总不若寻常历履易简行藏，可以完天地浑噩之真，享民物和平之福。

【注释】

①琛（chēn）：珍宝。

②瑰节琦行：美玉般的节操，高尚的行为。

【译文】

异样之宝、奇特之珍，都是人们必然争抢的器物；美玉般的节操和行为，多会招来不祥的名声。总不如普普通通的经历、平平常常的行止，可以保全天生地长的淳朴真性，享受万物带来的和平之福。

【点评】

春秋时期，齐国曾经因为觊觎鲁国的镇国之宝岑鼎而发动战争；战国时期，秦王因为垂涎赵国的无价之宝和氏璧而恃强凌弱。异样奇特的珍宝会引发争夺，其实这只是作者借以谈论道德操行的引子，其核心观点还是强调人不能追求超群出众，平凡普通方能远害全身。

福善不在杳冥①，即在食息起居处牖其衷②；祸淫不在幽渺③，即在动静语默间夺其魄④。可见人之精爽常通于天⑤，天之威命即寓于人，天人岂相远哉！

【注释】

①福善：赐福给善良的人。杳（yǎo）冥：指天空，高远之处。引申为阴暗、渺茫、奥秘莫测之意。

②牖（yǒu）：通"诱"，开导，教导，使明白。

③祸淫：淫逸过度，则天降之以祸。

④语默：说话或沉默。语本《易·系辞上》："君子之道，或出或处，或默或语。"夺其魄：夺走其魂魄，谓使其神志迷乱或欲其死。

⑤精爽：精神，魂魄。

【译文】

上天赐福给淳朴善良的人，并不在渺茫莫测之处，而是在饮食起居的日常生活中启发其向善之心；上天降祸给淫逸过度的人，并不在精深微妙之处，而是在一动一静、言语沉默间使其神志迷乱。可见人的精神魂魄总是与上天相通，上天的权力威势就寄寓在人的身上，天和人相隔并不遥远啊！

【点评】

古人相信天人感应，认为在人的感觉知觉不可触及的地方，有一种神秘力量在监视着人的一举一动，这种神秘的力量就是"天"。"天"无所不在，无所不知，客观公正，赏罚分明，根据人的善恶为其降下福祉或灾祸。东晋时有个人名叫陈遗，侍母至孝。母亲爱吃锅底焦饭，他在吴郡做主簿时，常常随身带个口袋，每次煮饭，都把焦饭收集起来，回家时带给母亲。后来孙恩叛乱，窜入吴郡地区，太守当天便点兵出征了。陈遗已经收集了好几斗焦饭，来不及送回家，便带着随军出征。两军交战，官军失败，士兵溃散，逃入深山水泽之中，大多数人都饿死了，唯有陈遗靠着焦饭活了下来。当时人们认为这是他极孝的报答。若按洪应明的说法，这可真是标准的"在食息起居处牖其衷"了。

闲 适

世事如棋局，不着的才是高手①；人生似瓦盆，打破了方见真空。

【注释】

①着（zhāo）：下棋落子。

【译文】

世间之事犹如棋局，观棋而不着子儿的才是高手；人的一生好似瓦盆，等到打破的那一刹那，方能见到真的境界。

【点评】

《红楼梦》中有这样一首诗："一局输赢料不真，香销茶尽尚逡巡。欲知目下兴衰兆，须问旁观冷眼人。""世世纷纷一局棋"，这是古人惯用的比喻。人们在数尺棋枰上"坐运神机决死生"，"旁观冷眼人"则能跳出棋局，摆脱利害得失的考虑，从而对形势做出客观理性的评估，所以往往才是真正的高手。人生也是如此，经常是"当局者迷，旁观者清"，唯有看到终极，才能彻底领悟人生中何者如梦如幻，何者真正具有价值。洪应明以瓦盆比喻人生，说"打破了方见真空"，可能指的是民间出殡时"摔丧子盆"的习俗，以此作为死亡的代称。站到人生的终点，反观人生的本质，这是《菜根谭》中惯用的做法。

龙可豢非真龙①，虎可搏非真虎。故爵禄可饵荣进之辈，必不可笼淡然无欲之人；鼎镬可及宠利之流^②，必不可加飘然远引之士。

【注释】

①豢（huàn）：饲养牲畜。比喻收买利用。

②鼎镬（huò）：鼎和镬，古代两种烹饪器。也是古代的酷刑，用鼎镬烹人。

【译文】

可以被人豢养的龙不是真龙，人能搏击捕获的虎不是真虎。因此官爵俸禄可以引诱希图荣升高位之辈，却绝不可能笼络淡泊名利、无欲无求之人；鼎镬之刑可能施及追求恩宠利禄之流，却绝不可能施加于超脱尘世、远离名利的高士。

【点评】

真龙绝不会被人豢养，真虎绝不会被人捕捉。爵禄之饵只能钓到欣羡功名富贵之人，鼎镬之刑绝对施加不到飘然远去的高人身上。春秋时期，楚国人老莱子逃避乱世，偕妻子耕于蒙山之阳。有人对楚王说老莱子是当世大才，楚王亲自登门拜访，看见莱子正织畚箕。楚王说："保卫国家的大事，诚望能够托付给先生。"莱子答应了。楚王走后，妻子砍柴回来，问道："你答应楚王去做官了？"莱子说："答应了。"妻子说："我听人说，当权者可以用酒肉喂饱一个人，就可以对其鞭敲杖打；可以用高官厚禄收买一个人，就可以用铁斧砍掉他的脑袋。我绝不能受制于人。"老莱子觉得妻子说得有理，弃家随她而去。二人跑到长江以南，才定居下来，虽然依旧一贫如洗，却心满意足地说：

"咱们可以收集鸟兽之毛织成衣服，掉在地上的谷粒，也够咱们吃了。"他们一直隐居在人们找不到的地方，再也没有出来。

一场闲富贵，狠狠争来，虽得还是失；百岁好光阴，忙忙过了，纵寿亦为夭。

【译文】

一场无关紧要、毫无意义的富贵，拼尽全力争了过来，虽然得到了，却失去了更为宝贵的东西，所以实际还是失去了；活到百岁高龄，大好光阴却在忙忙碌碌中度过了，纵然算得上长寿，却没有真正享受生活，所以实际上还是等于短命而死。

【点评】

孔子说："富与贵是人之所欲也，不以其道得之，不处也。"如果需要费尽心机拼命争夺过来，虽然得到了想要的富贵，实际上失去的可能更多，结果还是得不偿失。"人生七十古来稀"，如能活到百岁高龄，自然是最美好不过的事，可是如果一辈子为了求名求利而匆匆忙忙地过去，即使活得再长寿，也跟中岁夭折没什么两样。人生有得即有失，生命既要追求长度也要讲究质量，这两笔账，每个人都应该好好算算。

红烛烧残，万念自然厌冷；黄粱梦破，一身亦似云浮。

【译文】

红烛烧到残灭，万般念头自然就会变得厌倦冷淡；黄粱一梦醒来，整个身躯也就轻似浮云。

【点评】

红烛通常燃于喜庆场合，跳跃的火苗宛如人心中翻腾着的热情和欲望，烧残成灰，万般念头也都归于冷寂。"黄粱梦破"比喻富贵荣华转瞬即逝，出自唐人沈既济的《枕中记》：开元年间，道士吕翁行于邯郸道上，在旅舍碰到一位卢姓少年。卢生自叹困顿失志，希望能够"建功树名，出将入相，列鼎而食，选声而听，使族益昌而家益肥"。说话间，卢生感觉倦意来袭，店主人正蒸黍米饭。吕翁探囊取出一枕，对卢生说："枕着此枕睡上一觉，我会让你达成所愿。"其枕青瓷，两端有孔，卢生钻入枕中，忽然回到家乡，娶娇妻，得功名，做高官，享尽荣华富贵，却因同僚谗言，贬官下狱，流放遥方，后来沉冤昭雪，复又加官晋爵，封妻荫子，八十高龄，寿终正寝。卢生欠伸而悟，发现自己卧于旅舍，主人灶上的黄粱饭还未蒸熟。卢生惊问："刚才那些都是梦吗？"吕翁说："人世之事，亦是如此。"卢生沉默半晌，对吕翁说："宠辱之道，穷达之运，得丧之理，死生之情，我全都知道了，先生是用这个办法指点我啊。"于是稽首再拜，飘然而去。

千载奇逢①，无如好书良友；一生清福，只在碗茗炉烟。

【注释】

①奇逢：意外奇特的相逢或遇合。

【译文】

千载间的奇特相逢，不如读一本好书、交一位良友；一生中的清闲之福，只在品一碗清茶、焚一炉轻烟。

【点评】

对于一介文人来说，手中一碗茶，案上一炉香，品读一本好书，与一位知心良友倾谈，这是最平常不过的生活。可是换个角度来看，好书凝结着异时异地之人的人格与智慧，要求阅读者有足够的人生阅历和欣赏水平，并有一个恰当的机缘，好书与读者才能"相逢"；至于良友，所谓"高山流水，知音难觅"，良友相遇，人生得一知心良友，如何不是奇缘？奔波劳碌的人生中，能有时间、有心情细品茶的幽香，静看袅袅炉烟，又如何不是清福呢？对于很多人来说，只要有一颗能够体会幸福的平常之心，就已经生活在幸福之中，不必劳心费力去别处追寻。

蓬茅下诵诗读书，日日与圣贤晤语，谁云贫是病？樽罍边幕天席地①，时时共造化氤氲②，孰谓醉非禅？

【注释】

①樽罍（léi）：两种盛酒的器具。幕天席地：以天为幕，以地为席。形容行为放旷。晋刘伶《酒德颂》："行无辙迹，居无室庐，幕天席地，纵意所如。"

【译文】

在蓬居茅舍下诵诗读书，每天都与往圣先贤见面交谈，谁能说贫穷是一种疾病？以天为幕，以地为席，尽情酣饮，时时刻刻都与大自然气息相通，谁能说醉酒不是参究禅理？

【点评】

《庄子·让王》中说：孔子的弟子原宪居于鲁国，住在土墙围起的矮屋里，用茅草覆盖屋顶，用蓬草织成门户，用桑条来做门轴，用破瓮当做窗口，用粗布烂衣堵塞屋顶的漏洞，地上一片潮湿。虽然条件恶劣，原宪却仍正襟危坐，奏乐高歌。同学子贡乘着高头大马，穿着华裳丽服前来拜访，宽大的车子开不进狭窄的街巷，只好下车徒步走了进来。原宪头上戴着桦木皮做的帽子，脚上踩着没有跟的鞋子，拄着藜木手杖去开门。子贡见他这副模样，吃惊地问："呀！先生何病？"子贡所说的"病"，既可理解为"生病"，也可理解为"艰难困苦"。原宪回答说："我听说，无财谓之贫，学而不能行谓之病。我原宪今天只是贫，并非是病。"原宪被视为安贫乐道的典范，"贫也，非病也"这句不卑不亢的言辞，也鼓励了后世许多清贫失意的士子。洪应明此处描绘的就是这种人的生活：虽然居于蓬屋茅舍，却能通过阅读古圣先贤留下的经典，相当于每天与这些伟大人物见面交谈；虽然只能在露天地里喝杯浊酒，却能毫无阻隔地与天地气息交流沟通，从而体悟大自然中蕴含的禅机。他们虽然物质条件窘迫，却能拥有一个高尚、丰富的精神世界。

兴来醉倒落花前，天地即为衾枕；机息坐忘盘石上①，古今尽属蜉蝣②。

【注释】

①坐忘：道家谓物我两忘、与道合一的精神境界。

②蜉蝣（fúyóu）：虫名。幼虫生活在水中，成虫褐绿色，朝生夕死，生存期极短。比喻微小的生命。

【译文】

兴致来时，醉倒在落花之前，就把天地当成被子和枕头；机心止息，坐在厚重的石头上物我两忘，古今世事全都如同蜉蝣一样微不足道。

【点评】

魏晋时期"竹林七贤"中最能喝酒的刘伶写过一篇《酒德颂》，以寥寥百余字的篇幅，形象概括出一位"大人先生"在酒醺中体验到的无上境界："有大人先生者，以天地为一朝，万期为须臾，日月为扃牖，八荒为庭衢。行无辙迹，居无室庐，幕天席地，纵意所如。止则操卮执瓢，动则挈榼提壶。唯酒是务，焉知其余。"这位道德高尚的先生傲视宇宙，幕天席地，居无定所，随遇而安，酒器从不离身，酒外再无他事，在酒醺中看淡了人世间一切的是非与名利、权势与礼法，"无思无虑，其乐陶陶"。《菜根谭》所描绘的兴致来时，在落花中醉倒，天空当盖被、大地作枕席的场景，也正是仿着"大人先生"来的。

在盘石上息机坐忘，其观念和做法则来自《庄子》。"坐忘"就是静坐而心亡，"堕肢体，黜聪明，离形去知，同于大通，此谓坐忘"，是以静坐的姿态，有意识地忘记外界一切事物，甚至忘记自身形体的存在，达到与"大道"相合为一的境界。在这种状态中，领悟到古往今来也只不过是一瞬之间，消解了时间的局限，也就获得了精神上的自由。

昂藏老鹤虽饥，饮啄犹闲，肯同鸡鹜之营营而竞食？偃蹇寒松纵老，丰标自在，岂似桃李之灼灼而争妍①？

【注释】

①灼灼：鲜明的样子。《诗经·周南·桃夭》："桃之夭夭，灼灼其华。"

【译文】

气度轩昂的老鹤虽然饥饿，饮水啄食依然从容安闲，怎肯与家鸡野鸭挤在一起，急急忙忙争抢食物？挺拔高耸的寒松纵然苍老，往昔的风姿仪态依然还在，哪里会像桃花李花那样争妍斗艳，炫耀明媚的光华？

【点评】

鹤有凌霄高举之姿，纵然忍饥挨饿，饮水啄食，仍不失高贵悠闲，绝不会与群鸡为伍。松有冲寒傲雪之质，纵然衰老偃卧，也自有其高耸直立的姿态，绝不会像桃李之花，争着显示鲜艳的色彩。雄才大略的魏武帝曹操有诗曰：

"老骥伏枥，志在千里。烈士暮年，壮心不已。"这就是修养，这就是人格，这就是气度。

吾人适志于花柳烂漫之时，得趣于笙歌腾沸之处①，乃是造化之幻境、人心之荡念也。须从木落草枯之后，向声希味淡之中，觅得一些消息，才是乾坤的橐籥、人物的根宗②。

【注释】

①笙歌：合笙之歌，亦谓吹笙唱歌。泛指奏乐唱歌。

②橐籥（tuóyuè）：古代冶炼时用以鼓风吹火的装置，犹今之风箱。喻指本源。

【译文】

我辈在花红柳绿、万物欣欣向荣之时舒适自得，在奏乐欢歌、人声喧腾之地获得乐趣，其实这些只不过是自然界转瞬即逝的幻境，是人心中放纵的念头。必须等到树叶飘落、百草枯黄之后，向声音沉寂、滋味淡薄之中，寻觅一些人生的真谛，那才是天与地的本源、人与物的本旨。

【点评】

诸葛亮54岁时，给年仅8岁的儿子诸葛瞻写了一封《诫子书》，开头就说："夫君子之行，静以修身，俭以养德，非淡泊无以明志，非宁静无以致远。"在强调静思反省、俭朴节约之后，他用了两个双重否定句式，以强烈而委婉的语气，突出了"淡泊"、"宁静"对人生修养的重要意义。《老子》中说"致虚极，守静笃"，同样也是要求人们保持内心的虚静，心无杂念，凝神安适，以体察事物的真相。花红柳绿，笙歌艳舞，乱人心神，移人心志，沉溺其中，则为俗情物欲所累。唯有"深悟幻境"，方能"独与道游"。

花开花谢春不管，拂意事休对人言；水暖水寒鱼自知，会心处还期独赏[①]。

【注释】

①会心：领悟，领会。刘义庆《世说新语·言语》："简文入华林园，顾谓左右曰：'会心处不必在远，翳然林水，便自有濠濮间想也。'"

【译文】

花谢花开，春天对此并不理会，所以遇到不如意事，别向他人说起；水暖水寒，游鱼自己才能知道，所以碰到触动内心的美景，还是独自欣赏吧。

【点评】

我们提倡分享，既与人分享快乐，也与人分担痛苦，快乐因分享而增加，痛苦因分担而减轻。洪应明的观点截然相反：花儿凋零是花自己的事，春天对此漠不关心；你的痛苦在他人眼中也是一样，所以没必要向任何人絮絮叨叨；水暖水寒只有游鱼自己才能体会，不能指望别人感同身受；你的独到体会对他人而言也是一样，所以不如干脆独自欣赏。这里说得诗情画意、洒脱开通，却掩不住心底里透出的冷漠，也许正是他所感受到的现实的冷漠，让他选择退缩到一个孤独的世界中吧。李白因为"花间一壶酒，独酌无相亲"而感慨，于是"举杯邀明月，对影成三人"；王维因为"兴来每独往，胜事空自知"而惆怅，却能"偶然值林叟，谈笑无还期"。李白的天真热情让人感觉亲切，王维的超然随意让人心生仰慕，对于洪应明，我们该说什么呢？

木床石枕冷家风，拥衾时魂梦亦爽；麦饭豆羹淡滋味①，放箸处齿颊犹香。

【注释】

①麦饭：磨碎的麦煮成的饭。豆羹：用豆煮成的糊状食品。

【译文】

以木为床，以石为枕，冷风吹进家中，却能拥着被子安然入睡，梦魂中觉得十分爽快；磨麦做饭，煮豆为羹，滋味虽然清清淡淡，可是放下筷子，牙齿间仍然留有余香。

【点评】

孔子最得意的弟子颜回吃的是一小筐饭，喝的是一瓢清水，住在穷陋的小房子中，别人都受不了这种贫苦，颜回却仍然不改变向道的乐趣。孔子夸赞他的贤德，后世更有许多士子追随颜子，以道德精神的力量对抗物质上的困难，在清贫苦难的生活中寻觅乐趣。四面漏风的房屋中虽然只有木床石枕，照样能做美梦；虽然农家的麦饭豆羹滋味清淡，余味却最悠长。能在清贫苦难中活得从容快乐，这是一种难得的人生境界，前提是能有一颗宁静平和的心。

谈纷华而厌者，或见纷华而喜；语淡泊而欣者，或处淡泊而厌。须扫除浓淡之见，灭却欣厌之情，才可以忘纷华而甘淡泊也。

【译文】

谈起繁华富丽就厌烦的人，可能在真的见到繁华富丽时却欢欣喜悦；说到寒素清贫就欣喜的人，可能真的过上寒素清贫的生活就嫌弃憎恶。必须把心中对于浓艳淡泊的成见荡涤净尽，把欣喜厌恶的情感彻底消灭，才可以真正忘却繁华富丽而甘于寒素清贫。

【点评】

嘴上说着厌恨纷华富丽，内心却企慕至极；整天标榜淡泊名利，实际却根本耐不住清贫。这还不是"知易行难"的问题，而是因为没能以平常之心看待这一切。

东晋山水诗人谢灵运被罢官后，肆意游山玩水，特意设计了登山专用木屐和一种"曲柄笠"。这种斗笠有个弯曲的柄，可以紧挂在脖颈上，既能随时遮蔽阳光，又不怕被山风吹掉，上山下山时俯仰低昂，也不会脱落。上虞山中有位名叫孔淳之的隐士，觉得这种曲柄笠很像达官贵人出行仪仗中的曲柄伞，于是讥讽谢灵运说："你既然向往远离尘世，为何舍不得放弃官员的曲柄伞盖呢？"谢灵运借用《庄子》中"害怕影子的人"的故事反问他说："莫非你就像那个厌恶影子、忘不掉影子的人？"他的意思是说，害怕影子的人心里才有影子，同理，你认为我的曲柄笠像曲柄伞盖，正说明你心中忘不掉富贵权势；我根本不想什么富贵权势，曲柄笠在我看来就是一把平平常常的斗笠。

东晋还有一位名叫竺法深的高僧，博学多闻，谈吐风雅。简文帝司马昱对他十分欣赏，经常派人把他请到宫中，探讨佛经义理。大名士刘惔得知此事，就问竺法深："和尚怎么也喜欢游走于朱门贵地呀？"竺法深说："您看那里是朱门贵地，在我看来，却和蓬门陋室没什么两样啊。"

鸟惊心，花溅泪①，怀此热肝肠，如何领取得冷风月？山写照②，水传神③，识吾真面目，方可摆脱得幻乾坤。

【注释】

①鸟惊心，花溅泪：语出唐代杜甫《春望》："感时花溅泪，恨别鸟惊心。"

②写照：画像，用图画或文字生动逼真地描画人物形象。

③传神：描绘出对象的精神气质。语出刘义庆《世说新语·巧艺》："顾长康（恺之）画人，或数年不点目精（睛）。人问其故，顾曰：'四体妍蚩，本无关于妙处，传神写照，正在阿堵中。'"此处曲用其意，是说让山水成为人品的真实写照和传神反映。

【译文】

因为鸟啼而惊心，对着春花而流泪，怀着这种感时伤事的火热肝肠，如何能够领略清风明月的冷落景象？让山川反映形象，让流水传达精神，在山水中认清我们本来的面貌，才能够彻底摆脱虚幻世界的种种牵绊。

【点评】

安史之乱中，昔日繁华的长安变成一片废墟，春鸟春花无法给杜甫带来任何欢娱，反倒让他对花流泪、闻鸟惊心。"感时花溅泪，恨别鸟惊心"，这是破家亡国之泪，这是悲天悯人之心。东晋大画家顾恺之认为在人物画中，四肢身体画得好坏，根本无关妙处，传神之笔，只在瞳仁。"传神写照"，也就是透过外在形象，传达出形象背后所蕴藏的、作为一个人的存在本质的"神"，成为中国人物画的最高标准。

可是《菜根谭》中的"鸟惊心，花溅泪"、"山写照，水传神"，非关诗画，非关艺术。此中主体，要求自己绝不为鸟惊心，不因花落泪，要冷却肝肠，专心领略清风冷月；为山川写照，为流水传神，也不是他的追求，他要的是在静观山水中勘破世间幻相，领悟自然和人生的本真。花鸟山水以及这个世界，是他口口声声归依的，又实实在在是他拒斥的。这大概正是矛盾冲突、左右为难的明代知识分子不得不说服自己选择的归宿吧。

人之有生也，如太仓之粒米①，如灼目之电光，如悬崖之朽木，如逝海之一波。知此者如何不悲？如何不乐？如何看他不破，而怀贪生之虑？如何看他不重，而贻虚生之羞？

【注释】

①太仓：古代京师储谷的大仓。

【译文】

人生在世，如同京师大仓里的一粒小米，如同耀人眼目的一道闪电，如同危立悬崖、随时折断的枯木，如同奔流入海、一去不返的洪涛。明白这个道理的人，如何能不悲哀？如何能不安乐？为什么还不能看破人生的虚幻，仍然怀着过分眷恋生命的念头？为什么还不能看重人生的价值，以致留下虚度此生的羞惭？

【点评】

生死问题是人生观的核心问题，自古以来，许多人本能地把死亡看成人生的最大悲剧，陷入对死亡的无尽恐惧之中。古希腊哲学家柏拉图说："哲学是练习死亡。"只有对生命和死亡有了深刻的理解和认识，才能获得"破茧重生"之术。中国古代哲学家中，庄子对生死问题最为关注，认为生命中的每个阶段，都是自然而然的过程："大块载我以形，劳我以生，佚我以老，息我以死。"所以，他把存在看成好事，也把死亡看成好事。庄子以理性主义和自然主义的态度看待生死，"善死善生"，重生而不贪生，对后世中国人规范和调节现实人生、寻求内心的超越和宁静起到不可忽视的作用。人只是天地间一个匆匆过客，有生必有死，这是不可改变的自然规律，因为贪恋生命、惧怕死亡而整天忧心忡忡，也挡不住生命的车轮滚滚驶向终点；能够生而为人是幸运的，要懂得珍惜，不能白活一世。这宝贵而唯一的生命既然存在了，就要释放出能量、放射出光芒，最大限度地发挥其应有的价值，不让自己带着遗憾离开这个再也不能重回的世界。

鹬蚌相持①，兔犬共毙②，冷觑来令人猛气全消③；鸥凫共浴，鹿豕同眠，闲观去使我机心顿息。

【注释】

①鹬（yù）蚌相持：《战国策·燕策二》："赵且伐燕，苏代为燕谓惠王曰：'今者臣来，过易水，蚌方出曝，而鹬啄其肉，蚌合而拑其喙。鹬曰："今日不雨，明日不雨，即有死蚌。"蚌亦谓鹬曰："今日不出，明日不出，即有死鹬。"两者不肯相舍，渔者得而并禽之。今赵且伐燕，燕赵久相支，以弊大众，臣恐强秦之为渔父也。'"后遂以"鹬蚌相持，渔人得利"比喻双方相持不下，而使第三者从中得利。

②兔犬共毙：兔子死后，猎狗被烹食。比喻敌人灭亡后，统治者杀害功臣。语出《史记·越王勾践世家》："范蠡遂去，自齐遗大夫种书曰：'蜚鸟尽，良弓藏；狡兔死，走狗烹。越王为人长颈鸟喙，可与共患难，不可与共乐。子何不去？'"

③觑（qù）：看，窥探。

【译文】

鹬蚌相持，渔人得利，狡兔已死，猎犬被烹，冷眼旁观这些惨事，让我心中的勇猛气概全被消除；海鸥和凫鸟一起游泳，野鹿和野猪一起安眠，闲中静观这些美景，让我的巧诈之心顿时平息。

【点评】

"鹬蚌相持，渔人得利"、"鸟尽弓藏，兔死狗烹"，为了某种利益而拼命争持，事成之后，有可能被踢出局，有可能成为别人的获利对象，甚而可能枉送了性命。窥破"利"字迷局，平息争斗之心，才可以悠闲地享受平凡生活的乐趣。

地宽天高，尚觉鹏程之窄小^①；云深松老，方知鹤梦之悠闲^②。

【注释】

①鹏程：《庄子·逍遥游》："鹏之徙于南冥也，水击三千里，抟扶摇而上者九万里。"后因以"鹏程万里"比喻前程远大。

②鹤梦：比喻超凡脱俗的向往。

【译文】

认识到大地宽广、天空高远，才发觉大鹏展翅高飞的行程仍显得狭窄渺小；体会到云迷雾锁、松寿千年，才知道超凡脱俗的鹤梦是何等悠闲。

【点评】

《庄子·逍遥游》中有只巨大无比的鹏鸟，后背不知长到几千里，奋起而飞时，展开的翅膀就像天边的云团。当海上起了大风，海面波涛汹涌，它就从北海迁徙到南海去。

它的翅膀拍击水面，激起三千里高的波浪，借着海面上急骤的狂风，它盘旋而上，直冲九万里的高空，直飞了六个月才停下来休息，这就是"鹏程"。可是如果领略了高天阔地，鹏程就会显得微不足道。同理，许多人在想象中描绘着隐居山林的生活，可是只有身临其境，亲眼看到浩渺云海、苍劲老松，才能真正体会到隐居生活确实如鹤梦般悠闲。

抛开"鹏程"、"鹤梦"这种字面上的追求，此处讲的无非是比较与体验。"孔子登东山而小鲁，登泰山而小天下"，人的视点越高，视野就越宽广。圣人的言行说教，倒是朴实亲切得多。

忽睹天际彩云，常疑好事皆虚事；再观山中古木，方信闲人是福人。

【译文】

不经意间看到天边的彩云转眼消散，常常怀疑美好之事皆为虚幻之事；仔细观察山林中的参天古木自在生长，方才相信清闲之人正是有福之人。

【点评】

庄子特别喜欢借助"无用的大树"阐明生存的道理，《逍遥游》中有个故事：庄子的朋友惠施对庄子说："我有一株大树，人们称它为樗（臭椿树）。它的主干臃肿不正，不符合绳墨取直的要求；树枝弯弯扭扭，也不适应圆规和角尺取材的需要。虽然生长在大路旁，木匠连看也不看它一眼。"惠施以此讽刺庄子之言大而无用，没人会听。庄子却说："你有大树，却担忧它没有用处，怎么不把它种在什么也有的地方，种在无边无际的旷野里，然后悠然自得地徘徊在树旁，优游自在地躺卧在树下。大树不会遭到刀斧砍伐，也没什么东西会去伤害它，虽然没有派上什么用场，可是又会有什么困苦呢？"只要善于思考，天边的一片云、山中的一株树，都能启发我们领悟人生的哲理。

东海水曾闻无定波，世事何须扼腕？北邙山未省留闲地①，人生且自舒眉。

【注释】

①北邙（máng）山：即邙山，因在洛阳之北，故名。东汉、魏、晋的王侯公卿多葬于此。借指墓地或坟墓。

【译文】

东海之水从来不曾听说波平浪定，世间之事翻覆无常，又何须为此扼腕叹息？北邙山上从来不曾留下空闲地方，既然任何人终究难免一死，人生世间，还是暂且舒展眉头吧。

【点评】

"谁家第宅成还破，何处亲宾哭复歌。昨日屋头堪炙手，今朝门外好张罗。北邙未省留闲地，东海何曾有定波。莫笑贱贫夸富贵，共成枯骨两如何。"唐代诗人白居易感悟人生，写了五首题名《放言》的诗，这是其中的第四首，主要讲的是世事人生的变化：谁家的朱楼甲第落成不久已经倒塌残破，哪里的亲人朋友哭完死人重又放歌。昨天屋子里的主人还炙手可热，今天门外却已冷清得可以捕雀张罗。北邙山上已被坟墓挤得留不下一块空地，烟波浩渺的东海已经三次变为桑田。且莫夸耀富贵、笑话贫贱，等到变成一堆枯骨，谁跟谁都没什么两样。世事永在变化，死亡终会降临，一旦看清这冷酷无情的现实，最好的办法就是学着接受它，然后更好地活在这世间。

天地尚无停息，日月且有盈亏，况区区人世，能事事圆满而时时暇逸乎？只是向忙里偷闲，遇缺处知足，则操纵在我，作息自如，即造物不得与之论劳逸、较亏盈矣。

【译文】

天地尚且没有停留止息，日月尚且会有盈满亏缺，何况微不足道的人世，哪能每件事情全都圆圆满满、每时每刻全都闲散安逸呢？人只要能在繁忙之中抽出一点空闲时间，只要能在遭遇缺憾之时知道满足，就能把收放之权控制在自己手中，把劳作、休息安排得妥帖从容，这样一来，即便是造物主也不能与之争论劳苦与安逸、计较减损与盈满了。

【点评】

人生在世，为天所覆、地所载、日月所照，古人观察自然，从中领悟到许多人生的哲理。《周易·乾》中说："天行健，君子以自强不息。"意指君子处事，应该像天那样高大刚毅而自强不息，力求进步，永不停止。中秋佳节，苏轼与弟弟不能团聚，就以"月有阴晴圆缺，人有悲欢离合，此事古难全"来安慰自己。天地无停息，日月有盈亏，忙碌和缺憾也是人生中不可避免的现实。如果一味追求安逸和圆满，就容易深陷在悲观失望之中而难以自拔。我们应该学会自我调适，能在忙里偷闲，能用知足的心态弥补客观存在的缺憾，这样才能将命运牢牢掌控在自己手中。

芳菲园林看蜂忙，觑破几般尘情世态；寂寞衡茅观燕寝，引起一种冷趣幽思。

【译文】

在花草盛美的园林中看蜜蜂忙着采蜜，从中看破多少凡心俗情、世间百态；在寂静无声的茅屋前看燕子安然入睡，引起一种清冷之趣、幽深之思。

【点评】

此处由蜂忙采蜜、燕寝安闲两种不同场景来体悟人生哲理。晚唐诗人罗隐"不论平地与山尖，无限风光尽被占。采得百花成蜜后，为谁辛苦为谁甜"的诗篇，可谓最著名的咏蜂诗。蜜蜂辛苦经营一生，到头来却白忙一场，人们在这个小动物身上，瞥见辛苦人生的影子，感慨劳碌人生的本质，或迷惘或清醒地，总习惯感慨一句"为谁辛苦为谁甜"。显然，洪应明是自认为"觑破"人间忙碌的虚幻无谓了。他显然推崇从容闲适而有理趣的生活，像茅檐草舍下的燕子那样。自从唐代诗人刘禹锡写下"旧时王谢堂前燕，飞入寻常百姓家"的咏古名句之后，燕子在中国文学传统中也具有了象征沧桑兴亡的意义，但不知洪应明的"冷趣幽思"中，是否也包含着这层意思。

会心不在远，得趣不在多。盆池拳石间①，便居然有万里山川之势；片言只语内，便宛然见万古圣贤之心，才是高士的眼界、达人的胸襟。

【注释】

①盆池：埋盆于地，引水灌注而成的小池，用以种植供观赏的水生花草。拳石：指园林假山，亦指供陈设用的玲珑岩石。

【译文】

会心之处不必相距遥远，获得乐趣不必强求太多。埋盆为池栽花种草，玲珑岩石堆成假山，就俨然具有万里山川的气势；在书中读到片言只字，就仿佛看到远圣先贤的思想精神，这才是高明之士的眼界、通达之人的胸襟。

【点评】

古人说"读万卷书，行万里路"，这是在积累和体验中逐渐认识人生和世界。盆池拳石间见万里山川，片言只语中见万古圣贤，却与这种"渐悟"正好相反，颇有"顿悟"之意，强调的是悟者的眼界和胸襟。这种"会心不在远，得趣不在多"的观念，既受道家思想影响，也与禅宗、心学密切相关。"会心处不必在远"这句常被引用的名言，出自东晋简文帝司马昱。简文帝曾到华林园游玩，对身边的人说："令人心有所悟的地方，不一定非要十分遥远。这里林木蔽日，流水潺湲，恍如置身濠水、濮水之间，觉得鸟兽禽鱼都会主动过来与人亲近。"华林园是都城中的一座皇家园林，简文帝却在这里感受到庄子濠梁观鱼、濮水垂钓的自然之乐、自由之乐。人们总是容易忽视眼前美景，一味追求遥山远水，简文帝却说，只要人的心意能与自然相通，保持天真率性的品质，就根本不需舍近求远，不必执著于自然外物的形式，因为随处都是佳境，随时都有乐趣。

心与竹俱空，问是非何处安脚？貌偕松共瘦，知忧喜无由上眉。

【译文】

内心与翠竹同样虚空，试问是是非非能在何处落脚？面貌与苍松一样清瘦，知道忧愁喜乐没有理由爬上眉头。

【点评】

在中国古代文化传统中，松、竹、梅是著名的象征君子之风的"三友"，此处借用其中之二，说心空似竹，貌瘦如松，既以松竹作为人格心态的比照，又借以领悟人生哲理。古人说"竹有君子之道者四"，其一是"中虚而静"，洪应明则借用佛教中"空"的观念，以竹喻心，说明只要对世间之事看得开、看得破，是是非非就都无法萦绕心头。苍松瘦硬挺秀，"貌若古松"常被用以形容得道高人，这样的人自然会忘情于寻常得失，不会轻易被忧愁喜悦困扰。《世说新语》中说：庾亮探访周伯仁，伯仁问："您近来碰到什么高兴事儿，忽然胖起来了？"庾亮反问："您近来又碰到什么忧心事儿，忽然消瘦了？"伯仁说："我没什么忧心事儿，只是清虚日来、滓秽日去罢了！"周伯仁表面是说，自己之所以瘦了，是因为清静淡泊之趣逐日增多，污浊庸俗之思逐日减少，所以人也变得清瘦了。他的言外之意则是说："庾亮啊，你之所以发胖，就是因为你生活太庸俗、思想太污秽了。"如此看来，在人们的观念中，外貌清瘦与人品修养、人格境界竟然关系不小，时下流行的减肥风岂不又多了一个堂而皇之的理由？

趋炎虽暖，暖后更觉寒威；食蔗能甘，甘余便生苦趣。何似养志于清修而炎凉不涉，栖心于淡泊而甘苦俱忘，其自得为更多也。

【译文】

趋近火焰虽能感到温暖，温暖之后更能感受严寒的威力；嚼食甘蔗能够品尝甘甜，甘甜之后就会感觉其他食物生出苦味。何如培养不慕荣利的志向、坚贞洁美的操行，让炎凉世态都与自己毫不相干；何如在清淡寡味中寄托心灵，把甘甜苦涩一起忘却，如此一来，定会有更多的心得体会。

【点评】

靠近火焰取暖，离开火源后更觉寒冷难耐；嚼着甘蔗虽甜，可是之后再吃其他东西，却能觉出苦味。这两种日常经验，也可用于解释人情物态：与其在趋炎附势、饫甘餍肥之后，发现普通生活更加难熬，不如安于普普通通、平平淡淡为好。在我们看来，洪应明追求的这种人生境界，虽有平凡中的安适愉悦，毕竟难免消沉之气。想起另一个吃甘蔗的故事：东晋大画家顾恺之每次吃甘蔗，总是先吃甘蔗尾，后吃甘蔗头。有人问他为何这样吃，顾恺之说："渐至佳境。"生活中有甘甜，有苦涩，也有平淡如水，假如能像吃甘蔗一样自由选择，"渐至佳境"，总好过喝来喝去总是白开水一杯呀！

逸态闲情，惟期自尚，何事外修边幅①；清标傲骨，不愿人怜，无劳多买胭脂。

【注释】

①边幅：指人的仪表、衣着。《后汉书·马援传》："天下雄雌未定，公孙不吐哺走迎国士，与图成败，反修饰边幅，如偶人形。此子何足久稽天下士乎？"后形容不讲究服饰、仪表为"不修边幅"。

【译文】

清秀美丽的姿态、悠闲散淡的心情，只期望自我欣赏，又何必刻意修饰外表？俊逸出众的品行、高傲不屈的气骨，不愿意被人怜爱，就无须涂脂抹粉取悦于人。

【点评】

"女为悦己者容"，如果无人欣赏，就无心打扮，甚至可能狼狈得"首如飞蓬"了。其实，人在世间的许多活动都有取悦于人的动机，并非只有女子修饰容貌是如此。士子如果不求别人欣赏，照样可以活得潇洒自在。"多买胭脂"的典故出自宋代画家李唐的诗句，反映了艺术创作与大众欣赏品味的关系，诗中说："云里烟村雨里滩，看之容易作之难。早知不入时人眼，多买胭脂画牡丹。"生活在两宋之交的李唐，凭借其卓绝功力和艰苦的艺术实践，首开南宋山水空濛旷远、清新秀丽之风，推动了中国山水画史的一次重要转变。可是，缺乏真正审美能力的"时人"欣赏的却是浓色重彩、富丽堂皇的画风，根本无法理解和接受那些标志艺术发展方向的探索之作，所以李唐以讽刺的口吻自我解嘲：早知如此，我还不如干脆多买一些胭脂，轻轻松松地画些牡丹花拿去卖呀！

满室清风满几月，坐中物物见天心；一溪流水一山云，行处时时观妙道。

【译文】

满室清风，满几月色，端坐家中，透过每一物体都能看见天的心意；一溪流水，一山云雾，行在路上，每时每刻都能观察精妙的道理。

【点评】

静夜独坐，沐浴着空明的月色、清凉的晚风，品味宇宙人生的真趣；山路闲行，看溪中流水潺潺、山间云雾缭绕，领悟自然变化之理。这里所描写的一切景物，都是空灵的诗意禅境，需要闲适的眼睛去观看，需要宁静的心灵去体会。唐代大诗人王维中年之后就在终南山中过着半官半隐的生活，写了许多充满禅趣哲理的山水诗。"兴来每独往，胜事空自知。行到水穷处，坐看云起时"是其《终南别业》中的名句，描写诗人走到水的尽头去探寻源流、坐在山间看上升的云雾千变万化，诗意之中渗入禅意。近人俞陛云说："行至水穷，若已到尽头，而又看云起，见妙境之无穷。可悟处世事变之无穷，求学之义理亦无穷。此二句有一片化机之妙。"洪应明在流水山云中看到的"妙道"，大约与此类似吧。

扫地白云来，才着工夫便起障；凿池明月入，能空境界自生明。

【译文】

心体澄明如镜，扫清地面，白云仍会飘来，修心工夫刚刚开始就会遇到障蔽；开凿池塘，明月就会照入，只要境界空虚，自然生出澄明的智慧。

【点评】

禅宗以镜喻心，认为心如明镜，要时时扫去尘埃，才能使之明净光洁。心学则把人的本性比喻为镜子，但是"常人之心，如斑垢驳杂之镜，须痛加刮磨一番，尽去其驳蚀，然后才纤尘即见，才拂便去"。镜子上的斑垢驳杂之物，是遮蔽心体的各种私意习气。修行就是"去蔽"，让心体显露出来。明月如镜，也被用来比喻心性，《菜根谭》此处即是如此。所谓"扫地"和"凿池"，其实是两种去蔽的方法。"扫地"接近北宗禅神秀所说"时时勤拂拭，莫使惹尘埃"的渐悟之法，不过即使扫净地面，仍会有白云遮蔽天空，难见皎然月色，故而作者否定了这种方法；作者认为最有效的方法是开凿池塘，注入清水，明月自然就会映照水中。这是对王阳明去蔽之说的形象阐释。王阳明认为，去蔽就是找到人心中的一点灵明，找到"发窍处"，这样心体就可以敞开，找到万物一体的相通处，从而获至澄明之境。这就好比开凿池塘，形成映照月光的条件，从这个"发窍处"窥见世界的真相、仁的本体，找到灵明的心。

造化唤作小儿①，切莫受渠戏弄②；天地丸为大块③，须要任我炉锤。

【注释】

①造化唤作小儿：造化小儿，戏称司命之神，比喻命运。《新唐书·文艺传》："（杜）审言病甚，宋之问、武平一等省候何如，答曰：'甚为造化小儿相苦，尚何言？'"小儿，小孩子，亦是对人的蔑称。

②渠：他，它。

③大块：大自然，大地。

【译文】

司命之神据说是个顽劣儿童，千万不要受他戏弄；天地是个巨大泥丸，可以任我锤炼成期望的模样。

【点评】

西汉才子贾谊因谗言被贬，在潮湿多雨的长沙待了三年，经常忧虑自己会短命而死。恰有鹏鸟飞入屋中，占卜结果是"野鸟入处，主人将去"，所以写了《鹏鸟赋》自我宽慰，赋中说："且夫天地为炉兮，造化为工；阴阳为炭兮，万物为铜。合散消息兮，安有常则？千变万化兮，未始有极。忽然为人兮，何足控抟；化为异物兮，又何足患。"大意是说，天地是只大熔炉，造化是那司炉的工匠，人与万物都在这个炉中熔炼，成为什么样子自己完全不能做主，只能随顺命运的安排。《菜根谭》却反其道而行之，不仅不受命运的戏弄摆布，要做自己的主人，甚至要把天地当成锤炼对象，将其改造成自己期望的模样。这是一种非凡的气概，它将原本任由造化摆弄、听凭命运安排的一生，变成了自觉改造自己、自觉改造社会的生命流程。

　　想到白骨黄泉，壮士之肝肠自冷；坐老清溪碧嶂，俗流之胸次亦开。

【译文】

　　想到人死之后化成白骨、归于黄泉，即便是意气豪壮之士，热衷用世的心肠自然也会冷淡下来；长时间静坐在清澈见底的溪流、青绿如障的山峰之前，即便是庸俗浅陋之辈，封闭的心胸也会逐渐敞开。

【点评】

　　此处讲的是断绝欲念、悟彻本心的方法。物情俗欲也好，豪情壮志也罢，通常源于拥有生命、牢牢抓住生命的本能意识，如果预先站到生命终结这一端点想问题，有可能会使纷繁复杂的人生难题简单化，也就是说，如果想到死后所有一切全都归为虚无，胸中沸腾的欲望和豪情都会冷却下来。佛教和心学都以静坐为修行方法，禅宗始祖达摩曾在少林寺面壁九年，盘膝静坐，不说法，不持律，默然终日面壁，双眼闭目，五心朝天，在"明心见性"上下工夫，在思想深处"苦心练魔"，终于开悟，传法于慧可。心学大师王阳明以静坐来"收其放心"，心思观照，逐一检察灵魂深处有无私心杂念，找到"我"的本来面目。清溪碧山，幽静空旷，悦目赏心，无市尘之纷扰，扑鼻无浊气，入耳无噪音，长期居于这种环境，有助于荡涤心中的俗念。李白的《独坐敬亭山》中说："众鸟高飞尽，孤云独去闲。相看两不厌，只有敬亭山。"洪应明追求的境界，大约与此类似吧。

　　夜眠八尺，日啖二升①，何须百般计较；书读五车②，才分八斗③，未闻一日清闲。

【注释】

①啖（dàn）：吃。

②书读五车：《庄子·天下》："惠施多方，其书五车。"后用"五车书"形容读书多，学问渊博。

③才分八斗：宋无名氏《释常谈·八斗之才》："文章多，谓之'八斗之才'。谢灵运尝曰：'天下才有一石，曹子建独占八斗，我得一斗，天下共分一斗。'"后用"八斗才"比喻才高。

【译文】

夜晚睡觉只需八尺床榻，白天吃饭只要二升粟米，何必千方百计追求那些用不着的东西？有些人读尽五车书、分得八斗才，却总忙着追求毫无意义的目标，从没听说他们能得一天清闲。

【点评】

中国古代道家认为，对于人来说，最宝贵的是生命；养生之道重在顺应自然，忘却情感，不为外物所滞，这种"外物"既包括物质层面的东西，也包括各种抽象的欲望和对知识的渴求。《庄子·养生主》中说："吾生也有涯，而知也无涯。以有涯随无涯，殆已；已而为知者，殆而已矣！"人的生命是有限的，而知识却是无限的；以有限的生命去追求无限的知识，势必体乏神伤，甚至危及生命。《菜根谭》中这段文字，正是以这种观念为基础的，认为人的饮食起居所需物质条件十分有限，所以没必要贪得无厌；认为博学多才只会让人更加劳碌，所以没必要过分追求。这是用人类生存的基本需求来说服人们平息奔忙操劳之心，却忽视了人生意义的多层面性，无疑具有强烈的消极色彩。

概　论

君子之心事天青日白，不可使人不知；君子之才华玉韫珠藏^①，不可使人易知。

【注释】

①玉韫（yùn）珠藏：泛指把美玉珠宝严密收藏起来。比喻掩藏才智。

【译文】

君子的心事如同湛湛青天、朗朗白日，不能不让人知道；君子的才华要如美玉裹在匣中、像珍珠严密收藏，不能让人轻易知晓。

【点评】

"成为君子"是儒家的人格理想，也是洪应明认同的人生定位。每个人都生活在复杂的社会环境中，需要与形形色色的人打交道，必然存在与他人的互动。在这个过程中，作为一位君子，应该如何将自己的人格本色向外界投射，同时又能保证自身安全呢？洪氏从"心事"与"才华"两方面确定了基本原则：关于心事，正如《论语》所言，"君子坦荡荡"，光明正大，既不会想着欺骗别人、算计别人，也不会为犯罪等违背良心之事而感到羞耻和害怕，内心世界像晴空一样干净，像艳阳一样光明，没有任何见不得人的东西。既然这样，在人际交往中，对于自己的想法，不仅无需遮遮掩掩，而且要尽量坦露给对方，让人充分地认识你、了解你，为建立和谐诚信的人际关系积极主动地贡献力量。至于自己的才华，虽然像美玉一样润泽，像珍珠一样光华四射，却不仅不能炫耀，而且要尽量掩藏起来。这种处世原则主要受道家思想影响，是对机巧伪诈的社会、对猜忌丛生的环境的一种消极反应。即使是在今天，我们提倡高调做事，但是仍然推崇低调做人，避免不合时宜地过分张扬和卖弄，以谦逊的态度去营造良好的人际关系。

　　耳中常闻逆耳之言，心中常有拂心之事，才是进德修行的砥石①。若言言悦耳，事事快心，便把此生埋在鸩毒中矣②。

【注释】

①砥（dǐ）石：磨石。

②鸩（zhèn）毒：毒酒，毒药。鸩，传说中的一种毒鸟，以羽浸酒，饮之立死。

【译文】

　　耳边经常听到刺耳难听的言语，心中经常装有违逆心意的事情，这才是增进道德、修养德行的磨石。倘若每句话都悦耳动听，每件事都称心如意，那就等于把这一辈子葬送在毒酒毒药中了。

【点评】

　　"万事如意"堪称使用频率最高的祝福之语，但是，且不说现实生活中"不如意事十之八九"，即便真能万事如意，就是好事吗？洪应明的观点截然相反："言言悦耳，事事快心"，实为人生中潜藏的大危机；要想增进道德品行，必须"耳中常闻逆耳之言，心中常有拂心之事"。有人会说：这不是自己找病吗？其实洪氏所谓"常闻"、"常有"，并不是让人主动寻求这样一种结果，而是强调要保持一种能够接纳逆耳之言、正视拂心之事的态度。"良药苦口利于病，忠言逆耳利于行"，这是人尽皆知的老生常谈。平心而论，逆耳的未必是忠言，但忠言常常逆耳，即使我们对这个道理有着清醒的认识，可是由于人性的弱点，对于逆耳忠言也未必能够听得进去，从而导致行为决策上的失误。如果此人位高权重，"苦言逆耳，至计拂心"，一味采取厌恶、拒绝的态度，就会招来阿谀奉承的小人，就更听不到逆耳之言，只能被漂亮动听的谎话包围着了。

疾风怒雨①，禽鸟戚戚②；霁月光风③，草木欣欣。可见天地不可一日无和气④，人心不可一日无喜神⑤。

【注释】

①疾风：急剧而猛烈的风。怒雨：暴雨。

②戚戚：忧惧、忧伤的样子。

③霁（jì）月光风：指雨过天晴时的明净景象。用以比喻人的品格高尚，胸襟开阔。霁，雨雪停止。光风，雨后初晴时的风。

④和气：古人认为天地间阴气与阳气交合而成之气，万物由此"和气"而生。引申指能导致吉利的祥瑞之气。

⑤喜神：吉祥之神，喜气洋洋的神态。

【译文】

烈风狂吹，暴雨如注，飞禽走兽都会忧伤惊惧，惶惶不安；雨过天晴，明月朗照，和风习习，花草树木全都欣欣向荣，生机盎然。由此可见，天地间不可一天没有和合之气，人心中不可一天没有吉祥之神。

【点评】

古人认为，天地之间的阴气和阳气交合而成"和气"，万物都由"和气"生成，所以"和气"又被视为祥瑞之气。人为万物之一，人的行为应效法天地运行之道，也要心有喜神、面带和气，让这种由内到外的喜乐照亮生活空间。我们常说，生活就像一面镜子，你对它微笑，它就会对你微笑，其实也正是这个道理。面对镜子，微笑是我们可以选择的生活态度，宁和喜悦的心境则是我们的微笑之源。

酿肥辛甘非真味①，真味只是淡；神奇卓异非至人，至人只是常。

【注释】

①酿（nóng）：味浓的酒。真味：食物本来的味道，真实的意旨或意味。

【译文】

酿醇、肥美、辛辣、甘甜并非食物真正的味道，食物真正的味道只是清清淡淡；神妙奇特、卓越异常并非最高境界的人，最高境界的人只是平平常常。

【点评】

前几年，美国喜剧动画电影《功夫熊猫》风靡一时。主人公阿宝又肥又笨，在父亲的面馆当学徒，却一心梦想打败天下无敌手。命运之神果真眷顾了他，邪恶的大龙入侵，阿宝被乌龟大师指定为神龙大侠，意外担负起拯救整个山谷的重任，并获得了众人渴求的武功秘籍，却发现里面空无一字。父亲为他感到难过，建议他子承父业回家卖面条，并告诉他一个隐藏多年的秘密：他家面馆中味道奇美的面汤其实并无祖传秘方，秘诀只在面条本身。阿宝想起那本空无一字却能映出自己的秘籍，突然领悟：秘籍正如父亲的高汤一样，无秘密就是大秘密，武功的最高境界就是他自己！犹如醍醐灌顶，阿宝以"无招胜有招"战胜大龙，保卫了山谷的和平，实现了成为"神龙大侠"的夙愿。

这部诙谐恶搞、笑料不断的动画片演绎了《菜根谭》中"真味是淡，至人如常"的格言。这句格言包含着为人处世的大智慧，流传甚广，尤其被厌倦纷繁忙碌、追求简单生活的现代人欣赏。异国风味、异域风情，值得我们去品尝、去经历、去见识，然在大快朵颐、目眩神驰之后，总会有一种平淡而熟悉的味道、一片平常而熟悉的风景在心中隐隐浮起，召唤我们回到本来的生活，去体会我们最本真的愿望。

夜深人静，独坐观心，始知妄穷而真独露①，每于此中得大机趣；既觉真现而妄难逃，又于此中得大惭忸②。

【注释】

①妄：不法，非分。真：佛教观念，与"妄"相对，指脱离妄见而达到的涅槃境界。

②惭忸（niǔ）：惭愧，不好意思。

【译文】

夜深人静，一个人坐下来观察自己的心性，这时才能消除一切妄念，只让自己的真实本性显露出来，每每在这个过程中领悟到生命的真谛；然而，当自己的真实本性显露出来，才越发觉得妄念难以逃遁，于是又在这个过程中感受到极大的愧惭。

【点评】

佛教以心为万法的主体，主张无一事在心外，"观心"（省察内心）即能究明一切事理、认清一切现象及其本体，故而"一切教行，皆以观心为要"。在这段文字中，洪应明描述了自我反省的过程和体验：观心的最佳时机是夜深人静之时，观心的最佳状态是独坐。斯时斯境，最易排除一切私心妄念，发现真实的自我，由此领悟人生的真谛。但也恰在此时此境，人仿佛置身身外，那些曾经萦绕在心头的妄念清晰、客观地呈现在眼前，让自己都觉得羞耻和惭愧。歌手罗大佑在《耶稣的另一个名字》中唱道："平凡有另一个名字／叫做你也叫做我／我们都在白天犯罪／就像夜晚的忏悔。"白天里，我们做事情，也不乏思前想后的过程，但主要集中于考虑行事的动机和方式；静夜独坐，我们更能够站到自己身外去想，对白天的所作所为、所思所想作出评判。可以这么说，我们在白天能够清楚地看世界、清醒地想问题，却可能活得不够清白；我们在晚上视野有限、心神收敛，却能够想得更明澈、更深刻。当眼睛看不到外在世界时，人会更清晰地看到自己的内心。遗憾的是，现代都市的夜晚越来越明亮，现代人的脚步越来越匆忙，我们把夜晚当成白天的延续，我们每天早晨在闹钟声中醒来，我们很少有夜深人静独坐观心的体验，我们的心既无从体会"得大机趣"之乐，也难体会妄念难逃的羞惭。我们活得如此充实，却又如此虚幻。

恩里由来生害，故快意时须早回头；败后或反成功，故拂心处切莫放手。

【译文】

身在恩泽之中，历来都会生出祸害，所以称心如意时必须尽早回头；遭遇失败之后，或许反会走向成功，所以心意不顺时千万不要轻易放手。

【点评】

《老子》说："祸兮，福之所倚；福兮，祸之所伏。"恩泽中往往隐伏着祸患，所以春风得意时应见好就收、急流勇退；失败中可能孕育着成功，所以遭遇挫折后不要轻言放弃，灰心丧气。当放手时要放手，该坚持处要坚持，这是人生中的辩证法，是曾被反复验证的真理。坎坷逆境中的坚持诚然不易，飞黄腾达之时的抽身尤其困难。春秋时期辅佐越王勾践复国强兵、报仇雪耻的范蠡，认识到"飞鸟尽，良弓藏；狡兔死，走狗烹"的历史规律，看透勾践

"可与共患难，不可与共乐"的本质，灭吴后"乘轻舟以浮于五湖"，变名易姓，成为名商巨贾；西汉初年辅佐高祖刘邦击败项羽、夺得天下的张良，深知"日中则移，月满则亏"的道理，不留恋权位，功成身退，避免了如韩信、彭越等功臣终被诛杀的下场。相反，协助秦王嬴政统一全国的丞相李斯，由于贪恋富贵、追逐更大的权力，最终落得身败名裂的可悲下场。

藜口苋肠者多冰清玉洁①，衮衣玉食者甘婢膝奴颜②。盖志以淡泊明③，而节从肥甘丧矣。

【注释】

①藜（lí）：灰菜，一年生草本植物，嫩叶可食。苋（xiàn）：苋菜，一年生草本植物，嫩苗可作蔬菜。"藜苋"泛指贫者所食之粗劣菜蔬。

②衮衣：古代帝王及王公穿的绘有卷龙的礼服。婢膝奴颜：形容谄媚讨好、卑躬屈膝的奴才相。

③志以淡泊明：看轻世俗的名利，才能明确自己的志向。语出诸葛亮《诫子书》："非淡泊无以明志，非宁静无以致远。"

【译文】

甘于藜苋果腹的人大多具有冰清玉洁的品行，追求华服美食的人甘心做出卑躬屈膝的媚态。因为高远的志向需要在淡泊无求的态度中得到明确，高尚的节操却会在肥美甘甜的享受中逐渐丧失。

【点评】

这段文字运用归纳法，把人的品行与物质生活直接挂钩，或许会被误解为一种简单化倾向和对财富的敌视心理。其实作者此处强调的仍是一种选择和取舍：如果物欲的满足必须以降低人格为代价，那么宁可选择克制物欲、保持节操。古代社会以农为本，财富积累非常不易，勤劳不一定致富，巨额财富的获取常常是通过不正当的途径，高档奢华的享受常常与非正义联系在一起。在这种情况下，人如果屈从口腹之欲、衣食之忧，就很容易丧失对品行的修炼。只有甘于淡泊、清心寡欲，才有足够的力量抵制各种诱惑。其实这个道理放到今天仍然适用，因为物质名利对人的诱惑力是永远存在的。只有内心清净，不在诱惑中迷失自己，才能做出正确的选择。

面前的田地要放得宽，使人无不平之叹；身后的惠泽要流得长，使人有不匮之思①。

【注释】

①不匮（kuì）：不竭，不缺乏。

【译文】

人生在世，面前的道路要放宽一些，让别人没有不平的怨叹；人死之后，留下的恩泽要流传久远，让后人永远思念。

【点评】

常言道："人过留名，雁过留声。"人不是孤绝地活在世间，而是活在别人的心目中，活在后人的记忆里。人的言行举动会对他人造成影响，也在别人心目中刻下自己的形象。所以我们应该注意别人的反馈，顾及后人的评价。对他人多一些宽容，可以让人没有怨恨；多为后人着想，让自己的生命在世间结束后，仍然活在后人绵绵无尽的思念之中。

路径窄处，留一步与人行；滋味浓的，减三分让人嗜。此是涉世一极乐法。

【译文】

碰到路径狭窄的地方，要留出一步之地，让别人行走；吃到滋味浓厚的美食，要少吃一些，让别人尝尝。这是人生在世一个获得最大快乐的好办法。

【点评】

分享，不仅让别人受益，也让自己快乐，这个道理我们都懂。但是，如果资源是极其有限的（比如狭窄的道路），或是极其优质的（比如甘美的食物），还会想起与人分享吗？还会愿意与人分享吗？恰恰是这种"困难的分享"，会为我们带来最大的快乐。《世说新语》中说：西晋人顾荣在洛阳做官，曾应邀赴宴，席间一道烤肉味道很好。顾荣注意到送烤肉的仆人流露出想尝一尝的神色，就把自己那份烤肉让给他吃，结果遭到同座的人嘲笑。顾荣说："哪有整天端着盘子给人送烤肉，却不知道烤肉是什么味道的呢？"没过几年，匈奴人大举入侵，都城沦陷，王公士民纷纷逃往南方，史称"永嘉之乱"。顾荣也在战乱中渡江南下，每逢危难，总有一人在身旁保护他。顾荣感激地问他为何这样做，才知道他就是当年得到烤肉的那个人。顾荣感慨地说："一餐之惠，至今不忘，古语真的不虚呀。"顾荣赠烤肉，可以说是对"滋味浓的，减三分让人嗜"的完美阐释吧。至于"路径窄处，留一步与人行"，更与我们的生活息息相关。交通拥堵已经成为我们每天面对的难题，公路上的"见缝插针"已在很大程度上取代了"礼让"，甚至出现拒绝给救护车让路、导致本可挽救的生命陨落在通往医院路上的悲剧。我们不应抱怨社会冷漠，因为每个人都是这个社会的一分子，我们的行为，就是我们生活的世界；改变自己一个小小的举动，就是塑造良好社会环境的起点。有人批评《菜根谭》的人生说教过于高调，可是，难道还有比留一点儿道路给别人走、分一点儿食物给别人吃更简单易行的道理吗？

作人无甚高远的事业，摆脱得俗情便入名流；为学无甚增益的工夫，减除得物累便臻圣境。

【译文】

做人其实并不一定追求崇高远大的事业，能够摆脱世俗的情态，就可以跻身达士名流的行列；学习其实并没有什么突飞猛进的秘诀，能够减除外物的拖累，就可以达到超凡入圣的境界。

【点评】

有人总是梦想建立盖世奇功，跻身名流；也有人总想找到做学问的捷径，轻而易举修成正果。事实上，也许正是好高骛远的目标、不切实际的想法，让我们走了太多的弯路。任何人只要能够消除萦绕心头的各种俗念，就能成为一个与众不同的人；只要能够减却物欲的牵累，就能在进德修身的道路上日益臻于圣境。

宠利毋居人前，德业毋落人后，受享毋逾分外，修持毋减分中。

【译文】

恩宠利禄不要抢在别人前面，德行功业不要落在别人后头，物质享受不要超出限度，修身守道不要降低标准。

【点评】

"攀比"是人类最为常见的心理特征之一，是个体发现自身与参照个体发生偏差时产生某种情绪（常常偏于负面）的心理过程。根据产生的作用不同，攀比心理分为正性攀比和负性攀比：正性攀比指正面的、积极的比较，是在理性意识驱使下的正当竞争，往往能够引发个体积极的竞争欲望，产生克服困难的动力；负性攀比指那些消极的、伴随有情绪性心理障碍的比较，会使个体陷入思维的死角，产生巨大的精神压力和极端的自我肯定或否定。《菜根谭》中这四句话谈的正是"比"的问题，从不同角度说明应该比什么、怎么比，用我们今天的话来说，就是"思想上高标准，生活上低标准"。一个人如果能够明确自己在宠利、德业、受享、修持四个方面的定位，就能过上相对平和逸乐的生活，保持高尚的精神境界。在这四点中，尤以"宠利毋居人前"最为难能可贵。王莽篡汉时，冯异追随刘秀打天下，作战勇敢，善用谋略，为建立东汉政权立下汗马功劳，是著名的"云台二十八将"之一。《后汉书·冯异传》说他为人谦抑，从不自夸，每当宿营之时，诸将常常升座论功，冯异却独自退坐大树之下，从不参与功名座次的争夺，军中因此送他一个"大树将军"的雅号。随着时间推移，"大树将军"逐渐凝固为一个具有象征意义的意象，反复出现在文学作品中，用以称颂那些像冯异一样功高不居、受人崇敬的军人。

处世让一步为高，退步即进步的张本①；待人宽一分是福，利人实利己的根基。

【注释】

①张本：作为伏笔而预先说在前面的话，为事态的发展预先做的安排。

【译文】

为人处世，懂得退让一步才算高明，退步正是为进步所做的准备；待人接物，能够宽容一分才是福气，利人其实正是为利己打下基础。

【点评】

"处世让一步"、"待人宽一分"，我们总是听到这样的教导，却总会忍不住打着自己的小算盘：退让一步，我岂不是落后了？宽容一分，我岂不是吃亏了？这样计算的结果，往往就是寸利必争、斤斤计较。洪应明却教人换个角度来算这笔账：忍让别人一步，宽容别人一些，都会在对方和旁人心中留下一份善念。所谓以心换心、与人方便自己方便，从长远来看，你所播撒的善念总会换来他人的善待和帮助。也就是说，即使出于进步和利己的考虑，退让和宽容也是为人处世的制胜法宝。

盖世的功劳，当不得一个"矜"字；弥天的罪过，当不得一个"悔"字。

【译文】

即使建立高出当代的奇功，若有一点儿骄矜，功劳也会最终化为乌有；即使犯下滔天的大罪，如果真心忏悔，仍能洗心革面、重新做人。

【点评】

这里讲的是如何正确对待功劳和过错。

《尚书·大禹谟》说"汝惟不矜，天下莫与汝争能；汝惟不伐，天下莫与汝争功"，《老子》也反复强调"自伐者无功，自矜者不长"、"不自伐，故有功；不自矜，故长"，这都是教导人们不要自我矜夸，才能真正建立无与伦比、天长日久的功业。相反，如果倚仗功劳骄矜自傲，就会不思进取甚至胡作非为，不仅功业不足凭恃，还有可能遭到悲惨的结局，这样的史例不胜枚举。明朝开国名将蓝玉勇猛善战，屡立战功，名震天下，被太祖朱元璋比作西汉的卫青、唐朝的李靖，大加褒奖，晋封凉国公。但是蓝玉恃功骄纵，日益专横跋扈，触怒太祖，最终被以谋反罪处决，受其牵连致死者有一万五千余人，成为令人震惊的"蓝玉案"。试问当年的赫赫功勋又有什么用呢？

骄矜会使大功荡然无存，忏悔则能减轻罪过。"过而能改，善莫大焉"，别说是小过小错，即使犯下弥天大罪，只要真心忏悔，仍有机会改过自新。《世说新语》记载的"周处除三害"故事脍炙人口，就是改过迁善的绝佳代表。

完名美节不宜独任，分些与人，可以远害全身；辱行污名不宜全推，引些归己，可以韬光养德。

【译文】

完美的名节、高尚的节操不应一个人独享，分给别人一些，可以避免祸害、保全性命；羞辱的行为、污秽的名声不应全都推给别人，分出一些自己承担，可以敛藏光华、修养德性。

【点评】

人性中有许多缺点，"贪欲"可以说是普遍而又为害甚大的缺点。有的人贪图钱财，有的人贪图名望，如果不加以约束和抑制，任其泛滥膨胀，都会使人利令智昏，误入歧途。这段文字讲的就是人如何在名誉问题上戒止贪欲、把握分寸：好名声人人喜欢，却不宜独占，应该与人分享，这样才能不让自己过于引人注目，消除来自他人的忌恨，避免出现"木秀于林，风必摧之"的下场；坏名声人人厌弃，却不宜推得一干二净，应该主动分担，这样才能掩藏光芒，增进德行，杜绝来自他人的攻击和诘难。由此来看，洪氏提出不独任完名美节、不全推辱行污名的处世原则，与其说是提倡分享和责任，莫如说是基于对人性阴暗面的深刻观察。所谓"太高人欲妒，过洁世同嫌"，洪氏所生活的明代中晚期，血雨腥风笼罩政坛，他亲眼目睹东林党人因清议朝政而遭到魏忠贤等宦官集团疯狂斥逐捕杀的惨烈一幕，从这种痛苦经历中认识到名声带给人的伤害。

事事要留个"有余不尽"的意思，便造物不能忌我，鬼神不能损我。若业必求满、功必求盈者，不生内变，必招外忧。

【译文】

做每一件事，都要留个"有余地、不穷尽"的想法，这样一来，即使造物主也不能忌恨我，鬼神也不能伤害我。倘若事业必求圆满无缺，功德必求充盈完美，即使不因此而发生内乱，也必然会招致外患。

【点评】

追求圆满是人之常情，晚清重臣曾国藩却以"求阙"命名书斋，他的"求阙"观念源于《周易》。道光二十四年（1844），他在写给弟弟的家信中说："日中则昃，月盈则亏，天有孤虚，地阙东南，未有常全而不缺者"，这是自然之理。假使"众人常缺而一人常全"，就是违反天道，是不公平的，必然受到上天的惩罚，所以"人不可无缺陷"。反观自身，祖父母、父母全都康强安顺，兄弟手足全都平平安安，自己位列清班、仕途顺遂，方方面面无人可比，堪称万全之人，这让他深感恐惧，希望"求缺于他事"，以此祈祷高堂安康。第二年，他又写了一篇《求阙斋记》，说通过阅读《周易·临卦》，进一步认识到天地之间盈虚消长的变化规律，就是"阳至矣则退而生阴，阴至矣则进而生阳"，乐极生悲，物极必反。人类天生就有各种贪欲，或追求衣食享乐，或追求高官厚禄，或追求声誉名望，虽然表现形式不同，但是全都志在圆满无缺，忘记了盈极则缺的道理。为了防盈戒满，他把自己的居所命名为"求阙斋"，"凡外至之荣、耳目百体之嗜，皆使留其缺陷"。写作《求阙斋记》时，曾国藩正值事业蒸蒸日上之时，一般人在这种情况下很容易沾沾自喜，他却不仅胸怀大志，而且能存一份求阙心态，在春风得意时保持警惕，在名位腾升时谋求退藏，所以能成一代"中兴名将"。

家庭有个真佛^①，日用有种真道。人能诚心和气、愉色婉言，使父母兄弟间形体两释、意气交流^②，胜于调息观心万倍矣。

【注释】
①真佛：真正的佛，此指信仰。
②形体两释：指人与人之间没有身体外形上的对立，能够和睦相处。形体，身体。意气交流：人与人之间心意互通，互相影响。

【译文】
家庭成员应有一个共同的信仰，日常生活应遵循一定的原则。如果人人都能真心诚意、气度温和、神气愉悦、言辞婉转，就能使父母兄弟之间毫无隔阂，心意相通，其效果比调息静坐、观心反省好上一万倍。

【点评】

修身、齐家、治国、平天下，是古代仁人志士追求的理想境界。道德修养不能流于空泛，首先就要落实和体现在家庭生活中。不同于现代三口核心家庭的简单模式，古人家庭成员众多，关系相对复杂。洪应明认为，要实现家庭和睦，一方面要坦诚相待，另一方面也要注意沟通技巧，和颜悦色，言辞温婉。这个道理放在今天同样适用。有些人对同事、对外人和和气气，通情达理，社会关系处理得周到妥帖，对家人却言辞粗暴，蛮横无理，导致家庭关系紧张冷漠。我们都应牢记"诚心和气、愉色婉言"的八字箴言，让家庭真正成为温馨的港湾。

攻人之恶毋太严，要思其堪受；教人以善毋过高，当使其可从。

【译文】

指责别人的缺点不要过于严厉，要想想他是否能够承受；教导别人从善不能要求过高，应当使他能够跟从。

【点评】

无论是指责别人的过错，还是教导别人向善，都要注意分寸和技巧。人多有逆反心理，如果受到过于严厉的批评指责，即使明知有错，也可能拒不接受；人的心理承受能力不同，过于严厉的指责可能会把一些承受能力较差的人压垮。这就好比拍皮球，要把握好力度，不能让球反弹太高，也不能一下子把球压瘪。"教人以善毋过高，当使其可从"，说的是要注意因材施教、循序渐进，这就好比训练海豚跳高，横竿高度不能一下子设得太高，否则一次次遭遇失败的海豚会产生挫败心理，再也不敢尝试。记得有位母亲教孩子写字，只是对孩子说："你只要把这个字写得比前一个字稍微好看一点儿就可以了。"孩子感觉没什么压力，有写字的兴趣，字也越写越好。这句普普通通的话，其实深合"使其可从"的教育原理。

粪虫至秽，变为蝉，而饮露于秋风；腐草无光，化为萤①，而耀采于夏月。故知洁常自污出，明每从暗生也。

【注释】

①"腐草"二句：萤火虫在水边的草根中产卵，幼虫入土化蛹，次年春天变为成虫，自草中飞出，所以古人误以为萤火虫是由腐草变化而成。《礼记·月令》："季夏之月……腐草为萤。"

【译文】

粪土中的蛆虫最为污秽，一旦蜕变成蝉，却只在秋风中吸饮清露；腐败的草堆黯淡无光，化生出的萤火虫，却能在夏夜闪闪发光，与月色媲美。由此可知，高洁常常出自污秽，明亮每每生于黑暗。

【点评】

古人认为，蝉虽生自污泥浊水，一朝羽化，却能飞上高树餐风饮露；萤火虫虽为腐草所化，点点辉光却能映亮夏季的夜空。由此看来，污浊与洁净、黑暗与光明，都不是绝对对立、一成不变的，在一定条件下存在转化的可能性。洁自污出、明从晦生，大自然向人昭示了这种朴素观念，所以我们不要因为环境恶劣、出身低贱而自惭自卑，只要心性高洁、志向远大，终会发出自己的声音和光芒。

饱后思味，则浓淡之境都消；色后思淫，则男女之见尽绝。故人当以事后之悔悟，破临事之痴迷，则性定而动无不正。

【译文】

酒足饭饱之后回思美味佳肴，那么香浓寡淡的境界就全都消失了；情欲满足之后回思淫邪之事，那么男欢女爱的念头就全都断绝了。所以人们应当用事后的悔悟之心，破除事到临头或身在事中的执迷不悟，那么就能心性稳定，一举一动无不合乎正理。

【点评】

人们常常费尽心力去追求某种东西，得不到时固然痛苦，得到之后也会觉得不过尔尔，并不像当初设想得那般美好。也许真正驱使我们去追求的，并不是追求的对象，而是我们痴迷、执著的欲望；欲望得到满足之后，回想追求过程中所失去的东西，又会以"不值"、"荒唐"、"空虚"

来否定以前的追求。如何才能避免在短暂人生中一次次出现这种无谓的浪费呢？洪应明用食、色本性来打比方：酒足饭饱之后，面对再好的饭菜也觉得没什么味道；性欲得到满足之后，面对再美的女色也觉得提不起兴趣。在外界纷至沓来的各种诱惑面前，人只要想想这两种寻常体验，就不至于临事痴迷、把持不定了。

居轩冕之中①，不可无山林的气味；处林泉之下，须要怀廊庙的经纶②。

【注释】

①轩冕：古时大夫以上官员的车乘和冕服。
②廊庙：殿下屋和太庙（指朝廷）。经纶：整理丝缕、理出丝绪和编丝成绳，统称经纶。引申为筹划治理国家大事，亦指治理国家的抱负和才能。

【译文】

身居朝廷要职，乘高车、穿冕服，却不能没有隐逸山林的淡泊情怀；身处山林泉石之间，无官爵、无地位，却也要有安邦定国的雄才伟略。

【点评】

对于古代知识分子来说，出仕和退隐，是两个永远解不开的心结。出仕做官，既是为了实现人生价值，也是承担起对国家和社会的一份责任，但却不能汲汲于仕途，陷入对权力的追逐，要保有一份隐逸山林的从容闲适之趣，这样才能维持内心的平衡。这也就是古人提倡的"以出世之心，行入世之事"。另一方面，不论是主动还是被迫选择了"独善其身"的归隐之途，都不能一味陶醉或消沉于山间林下，不能在品德、才学方面放松对自己的要求。

处世不必邀功，无过便是功；与人不要感德，无怨便是德。

【译文】

人在世间，不必千方百计谋求功劳，没有过错就是功劳；与人交往，不要奢求别人感念恩德，没有怨恨就是恩德。

【点评】

每做一件事情，都希望得到他人的肯定与感激，以此达到积功累德、消灾获福的目的，这样算计的人，不仅活得太累，也可能终会失望。把应该做的事情尽量做好，尽量不出现差错；出于本心为他人做事，不要总想着从别人那里得到回报。无过便是功、无怨便是德，这种想法虽然显得有点儿消极，但是如果我们真能降低对外界、对他人的要求，也许反而会活得更轻松、更积极。

忧勤是美德①，太苦则无以适性怡情；淡泊是高风，太枯则无以济人利物。

【注释】

①忧勤：多指帝王或朝廷为国事而忧虑勤劳。

【译文】

对事业忧心操劳固然是一种美好的品德，可是过于劳苦，就不能顺适天性、怡悦心情；对名利淡泊无求是一种高尚的风操，可是过于冷漠，就不能救助别人、裨益世事。

【点评】

做任何事情都要把握一个"度"，如果超过限度，好事也会变成坏事。做事尽心尽力本是美德，可是把自己搞得心力交瘁、苦不堪言，人生就失去了应有的乐趣，也不利于可持续发展；淡泊名利是高风亮节，如果对名利完全失去兴趣，连维持生活都成了问题，哪儿还有能力救助别人呢？所谓的高风亮节，也会完全没有意义。所以，即使修身养性，也万不可走向极端，只有尽量发展好自己，人生才有意义，美德高风才有价值。

事穷势蹙之人^①，当原其初心；功成行满之士，要观其末路^②。

【注释】

①事穷势蹙（cù）：无计可施，情势紧迫，穷途末路。
②末路：最后一段路程。此指下场，结局。

【译文】

对于那些事败势穷、走投无路的人，应当体察其当初的本心也是为了把事情做好；对于那些功成名就、行为圆满的人，应当看其在此后的道路上能否保持晚节。

【点评】

俗话说："谋事在人，成事在天。"这里的"天"，可以理解为超出人力控制的客观因素。人生在世，成功失败在所难免，如果我们任由"成者王侯败者贼"这种庸俗势利、简单粗暴的评价方式大行其道，那么大到历史书写，小到街谈巷议，都会充满为胜者歌功颂德、对败者落井下石的虚伪陈述。如何才能对他人的成功或者失败作出冷静客观、公平公正的评价呢？一个基本原则就是不能只看眼前的成败得失。对于失败者，应该推究其最初的行事动机，如果动机良善，主观上又没有什么过错，我们应该给予同情与尊重；对于成功者，应该观察他在今后的道路上如何行事，如果居功自傲、胡作非为、晚节不保，曾经的成功也终为过眼云烟，不是什么荣耀之事。

富贵家宜宽厚而反忌克，是富贵而贫贱，其行如何能享？聪明人宜敛藏而反炫耀，是聪明而愚懵①，其病如何不败！

【注释】

①愚懵（měng）：愚昧不明。

【译文】

富贵之家应该宽和仁厚，却反而妒忌刻薄，那就是物质上富贵、精神上贫贱，这种行为怎能保证他安享富贵？聪明之人应该敛藏才华，却反而炫耀张扬，那就是表面上聪明、实际上愚昧，这个毛病怎能不让他遭遇失败？

【点评】

这里讲的是应该如何正确对待自己拥有的财富和才华。

《老子》说："天之道，损有余而补不足。"人道应该仿效天道，有余之人应该分出财富供奉不足之人。《史记·货殖列传》说：范蠡帮助越王勾践灭吴雪耻之后，辞掉官职，变名易姓，到陶（今山东定陶）经商。他善于经营，也乐善好施，十九年间曾经三次赚得千金，全都用以接济身边的穷朋友和困难兄弟，司马迁称赞他是"富而行其德者"，千百年来，这也成为人们对富人的期许和最高评价。但是现实生活中，许多富人却为富不仁、刻薄鄙吝，不能行慈善之举也就罢了，还要做出种种以富欺人、财大气粗、奢侈浪费的举动，物质上虽然富有，精神上却是赤贫，陷入"穷得只剩下钱"的困境。

智力强、天资高，是上天赐予一些人的财富，但是"聪明反被聪明误"的例子却屡见不鲜，《三国演义》中的"杨修之死"堪称典型。杨修恃才放旷，为显示自己的聪明才智，居然置军纪于不顾，一闻"鸡肋"的口号，立即猜到"鸡肋者，食之无肉，弃之有味"，知道曹操已有退兵之意，于是不仅自己收拾行装，而且煽动其他人也作归计，结果被曹操以造谣惑乱军心之罪诛杀。杨修被杀，可以说是咎由自取，《三国演义》引诗概括他的一生："聪明杨德祖，世代继簪缨。笔下龙蛇走，胸中锦绣成。开谈惊四座，捷对冠群英。身死因才误，非关欲退兵。"明代李贽点评《三国演义》时则说："凡有聪明而好露者，皆足以杀其身也。"聪明之人当以此为鉴，善用上天赋予的才华。

待小人不难于严，而难于不恶^①；待君子不难于恭，而难于有礼。

【注释】

①恶（wù）：得罪，冒犯。

【译文】

对待人格卑鄙的小人，不难在严词厉色，而难在不得罪他们；对待才德出众的君子，不难在做出恭恭敬敬的样子，而难在真正以礼相待。

【点评】

人的品性天差地别，与不同类型的人打交道，要有不同的方法。对于道德欠缺、行为卑劣的小人，正派人大多会表现得冷若冰霜、不屑一顾，坚决与之划清界限。但是俗话说"宁伤君子，不伤小人"，小人的心理品质是褊狭、阴暗、嫉妒、自私、权欲等诸种恶性心理的综合，他们一旦感觉自己受到冒犯，就可能死死记住这点仇怨，寻机报复陷害。所以，从道德角度对小人采取严厉态度并不是最困难的事，最困难的是不得罪他们，否则可能后患无穷。对于才德出众、众望所归的君子，一般人都会表现得毕恭毕敬，但是如果这种恭敬不是发自本心，那就难免逢迎讨好之嫌。只有做到谦逊有节，才不至流于谄媚。

降魔者先降其心，心伏则群魔退听；驭横者先驭其气，气平则外横不侵。

【译文】

要降伏妖魔鬼怪，先要降伏内心的邪念，心中的邪念被降伏，一切扰乱身心的妖魔都会退让顺从；要控制外来的横逆之事，先要控制浮躁的情绪，自己的情绪得到平抑，所有外来的横逆之事自然无法侵入身心。

【点评】

提起"降魔"，我们自然想到神魔小说《西游记》。"魔"是一个佛教概念，是梵语"魔罗"的略称，既包括来自客观环境的魔障，更包括一切扰乱身心、破坏行善、妨碍修行的心理活动，用唐僧的话说，就是"心生，种种魔生；心灭，种种魔灭"。《过去现在因果经》中说，释迦牟尼成佛前，曾与魔王进行激烈斗争并取得胜利，佛教史上称之为"降魔"。"降魔"也正是《西游记》一书的主线，取经之路实际是克服心魔的生命历程的外化：权力、金钱、美色、贪婪等世俗欲望，以及妒忌仇恨、傲慢急躁、固执己见、争强斗狠等性格缺陷，化身为形形色色的妖魔，藏身于西行路上；唐僧师徒历经九九八十一难，表面上是降妖伏怪，实际上是灭掉自己沉迷的心魔，最终修成正果。一部诙谐幽默的游戏之作，实为人类世界的"照妖镜"，照出了浑浊世人掩藏着的心魔，也指出了祛除心魔、趋于佛境的道路。

养弟子如养闺女①，最要严出入、谨交游。若一接近匪人，是清净田中下一不净的种子，便终身难植嘉苗矣。

【注释】

①弟子：为人弟者与为人子者。泛指年幼的人。

【译文】

教养子弟如同养育未出闺阁的女儿，最重要的是严格控制他的往来关系、谨慎结交朋友。倘若不慎接近品行不端之人，就像清洁纯净的田野中播下一粒不干净的种子，一辈子都难长出好禾苗了。

【点评】

人是环境的产物，"近朱者赤，近墨者黑"，尤其是在可塑性最强的青少年时代，客观环境会对孩子的性格发展产生重要影响。孩子的心灵就像洁净的田地，播下什么样的种子，就会长成什么样的禾苗。孩子缺乏社会经验，家长和老师需要密切关注其交友活动，以免受到坏人的影响。

欲路上事①，毋乐其便而姑为染指②，一染指便深入万仞③；理路上事④，毋惮其难而稍为退步，一退步便远隔千山。

【注释】

①欲路：泛指欲念、情欲、欲望等。

②染指：分取非分的利益，参与某种不正当的事情。

③万仞（rèn）：形容极高或极深。仞，古代长度单位，七尺为一仞（一说八尺为一仞）。

④理路：泛指义理、真理、道理等。

欲念方面的事，不要因为贪图便利而随意沾染，只要稍有沾染，便会堕入万丈深渊；道义方面的事，不要因为惧惮困难而稍有退步，只要退上一步，就与真理远隔万水千山。

【点评】

欲望与生俱来，是人身上最内在的因素，让人纠结、迷失在物质性的世界中，是一种牵引人向下的力量。就像受到地球引力的影响，人们起初可能只是在欲望诱惑下稍有动摇，结果就可能加速堕落，坠入万丈深渊，所以对于贪欲，不论小大，都要坚决抵制，否则后患无穷。古往今来，许多宗教哲学都不约而同地表现出对欲望的怀疑和抵抗，都在探讨和追求不受欲望牵制和奴役的生活方式，表现为某种向上的理想。摆脱命运奴役、超越欲望驱使、寻求理性生活的道路漫长坎坷，绝不可轻言放弃。

念头浓者自待厚，待人亦厚，处处皆厚；念头淡者自待薄，待人亦薄，事事皆薄。故君子居常嗜好不可太浓艳，亦不宜太枯寂。

【译文】

情感欲望比较强烈的人，对自己优厚，对别人同样优厚，处处讲究物丰用足，显示一份浓情厚意；情感欲望比较淡泊的人，对自己刻薄，对别人同样刻薄，事事全都吝啬小气，显得极其寡情薄义。所以有道德修养的君子，平时对于喜好的事物，既不能过于沉迷、追求奢侈，也不宜过于冷漠、极度俭省。

【点评】

清心寡欲、淡泊无求，无疑是人格修养的极高境界，不过凡事都有一个限度，逾越这个限度，"淡"就有可能变成了"薄"。人的性格会在日常生活习惯与兴趣爱好中得到体现，反过来说，生活习惯与兴趣爱好也会在一定程度上塑造人的性格。情感丰富、宽厚热心的人，大多爱好广泛，能够尽量让自己过得舒适，也能够体贴别人的要求；心肠硬冷、刻薄成性的人，往往对任何事物都表现得漠不关心，自己的生活都弄得枯燥乏味，又怎能指望他对别人充满深情厚谊？《陶庵梦忆》的作者张岱曾说："人无癖不可与交，以其无深情也。"张岱认为无癖之人无深情，所以把"恋物成癖"作为择交的重要标准，这又把洪应明居常嗜好宜平衡的说法向前推进一步，反映了明代中晚期人们正视物质利益、追求健康合理生活的倾向。

彼富我仁，彼爵我义^①，君子故不为君相所牢笼；人定胜天，志壹动气，君子亦不受造化之陶铸^②。

【注释】

①"彼富"二句：出自《孟子·公孙丑下》："晋、楚之富，不可及也，彼以其富，我以吾仁；彼以其爵，我以吾义，吾何慊乎哉？"

②陶铸：制作陶范并用以铸造金属器物。比喻造就、培育。

【译文】

别人追求富贵，我则崇尚仁德；别人追求爵位，我则崇尚道义，有德行的君子绝不会被君王权相悬设的功名利禄笼络束缚。人的力量可以战胜天命，意志坚定可以改变气运，有德行的君子也不会任由造化随意塑造摆布。

【点评】

中国古代长期实行的科举制度，向读书人昭示了"学而优则仕"的可能性，却也在无形中排除了其他实现人生价值的可能，让有才之士心甘情愿、殚精竭虑地追求"学成文武艺，货与帝王家"，以此换取统治者承诺的功名富贵。科举制度在明代发展到成熟乃至僵化阶段，无数士子在这条狭窄至极的独木桥上前仆后继，却也开始出现挣脱功名利禄诱惑、探寻新的人生道路的倾向。吴敬梓的讽刺小说《儒林外史》以"功名富贵"为一篇之骨，描绘了明代八股取士制度下各色文人的图谱，"有心艳功名富贵而媚人下人者；有倚仗功名富贵而骄人傲人者；有假托无意功名富贵而自以为高，被人看破耻笑者；终乃以辞却功名富贵，品地最上一层，为中流砥柱"。《菜根谭》中这段话，同样展示了一种超脱傲岸的人生观：只要能在功名富贵与人格修养之间做出明确取舍，就有足够的力量傲视世俗权势，独立自由地活在世间；只要能有坚定的意志，就能傲视天地，主宰自己的命运。"丈夫落落掀天地，岂愿束缚如穷囚"人，必须而且能够成为自己的主人。

立身不高一步立，如尘里振衣、泥中濯足①，如何超达？处世不退一步处，如飞蛾投烛、羝羊触藩②，如何安乐？

【注释】

①振衣：抖衣去尘，整衣。濯足：语出《孟子·离娄上》："沧浪之水清兮，可以濯我缨；沧浪之水浊兮，可以濯我足。"本谓洗去脚污，后以"濯足"比喻清除世尘，保持高洁。

②羝（dī）羊触藩：公羊角钩在篱笆上，比喻进退两难。《易·大壮》："羝羊触藩，不能退，不能遂。"

【译文】

在社会上立身，如果不站高一步，就如同在灰尘中抖衣去尘、在泥水中清洗双脚，如何才能真正超脱旷达？在人世间生活，如果不退一步居处，就如同飞蛾投向烛火、公羊以角触篱，如何才能安乐？

【点评】

诸葛亮《诫外甥书》开篇即云"志当存高远"，因为无数历史和人生经验全都证明："取法乎上，仅得其中；取法乎中，仅得其下。"如果人生目标定得短浅鄙陋，那就很难奢望达到高远境界了。但是人生不能只有高远理想，还要有脚踏实地的精神和智慧，如果一味争强好胜，不懂得退让的道理，就可能让自己身陷险境。所以人生在世，眼光放得长远一些，才能享有精神上的自由和超达；姿态放得低平一些，才能享有现实中的自由和安乐。

人人有个大慈悲①，维摩屠刽无二心也②；处处有种真趣味，金屋茅檐非两地也。只是欲闭情封，当面错过，便咫尺千里矣。

【译文】

每一个人原本都有大慈大悲之心，维摩居士和屠夫、刽子手并没有两种截然不同的心性；人间处处都有真正的情趣意味，玉栋金屋和茅檐草舍并不是两种截然不同的境地。只是人心被欲念和私情封闭，以至于当面错过大慈悲、真情趣，所以虽然近在咫尺，却似远隔千里。

【点评】

《般若经》说："心性本净，客尘所染。"意思是说，众生之心原本清净，只是因为受到"客尘"（外界的烦恼）污染，才变得不净。进一步说，"一切众生，皆有佛性"，人人皆可修行成佛。儒家学派重要代表孟子也曾提出"恻隐之心，人皆有之"的重要命题，认为对弱者、对他人的痛苦和不幸表示同情、怜悯和关怀，是人类固有的良知，只是有些人受到主客观条件的限制，未能或不便把这种内心感受表现出来。当我们遇到一个需要帮助的弱者时，内心是否升起一种同情与怜悯？即使只是一个瞬间，即使我们所能提供的帮助十分有限，但是只要在力所能及的范围内助人一臂之力，人世间也会因此而多一分温暖，自己也会多一些快乐。

进德修行，要个木石的念头①，若一有欣羡，便趋欲境；济世经邦，要段云水的趣味②，若一有贪着，便堕危机。

【注释】

①木石：树木和山石。比喻无知觉、无感情之物。

②云水：云与水。亦指漫游，如行云流水的漂泊无定。

【译文】

增进德性、修养德行，必须要有木头石块般坚定不移的意志，倘若稍有一丝喜爱羡慕之情，便会滑入欲望丛生的境地；济助世人、治理国家，必须要有行云流水般毫无挂碍的情怀，倘若稍有一点贪恋执著之意，便会堕入险象环生的机关。

【点评】

木石念、云水趣，是明清时人经常使用的比喻。《红楼梦》中，曹雪芹用最浪漫的笔调将宝、黛之间的缘分解释为"木石前盟"，说黛玉前世本是西方灵河岸上三生石畔的绛珠草，宝玉则是赤瑕宫中的神瑛侍者，日以甘露灌溉仙草，使其久延岁月，脱却草胎木质，得换人形，所以黛玉将以一世的眼泪报答恩情。然而纯洁至情的"木石前盟"，在俗世红尘中必然遭遇"金玉良缘"的挑战和考验，虽然二人心同此念，却终将成为虚化。在曹雪芹的意念世界中，金玉、木石都有象征意义，金玉代表着俗世间富贵权势、金钱美色的种种诱惑，木石则象征着坚贞不渝的爱情。宝玉虽然曾经有过"见了姐姐，就把妹妹给忘了"的动摇，却最终抱定"木石的念头"，克制对欲境中种种诱惑的欣羡之情，悬崖撒手，遁入空门。从这个意义上说，《红楼梦》展现了浊世公子贾宝玉在坚定信念的指引下，挣脱欲念世界中的层层束缚、完成"传情入色，自色悟空"的生命历程。

肝受病则目不能视，肾受病则耳不能听。病受于人所不见，必发于人所共见。故君子欲无得罪于昭昭①，先无得罪于冥冥②。

【注释】
①昭昭：明亮，明白，显著。
②冥冥：昏暗的样子。引申为不知不觉。

【译文】
肝脏遭受损伤，眼睛就看不见东西；肾脏遭受损伤，耳朵就听不见声音。疾病虽然作用于人所看不见的脏器，症状却一定表现在人所共见的地方。所以君子要想不在光天化日之下获罪，首先就要做到不在人们难以察觉的地方犯下错误。

【点评】

"肝开窍于目"是中医最具影响的理论学说之一，凡非外伤引起的视力下降或眼部不适，均有可能是肝脏功能下降或病变的症状；《灵枢·脉度》则说："肾气通于耳，肾和则能闻五音"，认为听力与肾脏功能具有非常密切的内在联系，听力受损或减退的患者往往伴有肾脏方面的问题，这已为现代临床研究所证实。洪应明以日常生活中对疾病发病规律的认识为例，说明道德修养要重视"慎独"，要在别人看不见、听不到的情况下做好一切，因为无论掩盖得多么严实的罪过，总有一天会暴露在光天化日之下。

福莫福于少事，祸莫祸于多心。惟苦事者方知少事之为福；惟平心者始知多心之为祸。

【译文】

人生最大的幸福莫过于少有烦心琐事，最大的祸患莫过于猜疑多心。只有那些为琐事奔波劳苦的人，方才知道轻闲无事是多么幸福；只有那些持心公正公平的人，方能知道疑神疑鬼会带来什么样的灾祸。

【点评】

很多人希望求福避祸，其实实现这一愿望的秘诀非常简单，就是"少"，少管闲事，少操闲心。人们总是做得太多，在物质欲望或争强好胜心理的驱使下奔波劳碌，可能得到了权力、财富和荣誉，却很难平静下来，体会一下幸福的感觉。也有的人总是想得太多，对人对事多存猜疑之心，不仅把自己搞得心烦意乱，也让周围的人事关系经常处于紧张状态，甚至惹来不必要的麻烦。

处治世宜方①，处乱世当圆②，处叔季之世当方圆并用③；待善人宜宽，待恶人当严，待庸众之人宜宽严互存。

【注释】

①治世：太平盛世。《荀子·大略》："故义胜利者为治世，利克义者为乱世。"

②乱世：混乱不安定的时代。

③叔季之世：衰乱将亡的世代。古人以伯、仲、叔、季代表长幼顺序，叔、季排在最后，故以之指代末世。细分的话，政治衰乱的时代为叔世，衰败将亡时期为季世。

【译文】

生活在政治清平的盛世，为人处世应当方正刚直；生活在动荡不安的乱世，为人处世应当委婉圆滑；生活在衰乱将亡的时代，应当方圆并济灵活运用。对待心地良善的人，应当宽和厚道；对待邪恶奸佞的人，应当气正辞严；对待资质平庸的人，应当宽严适中交互运用。

【点评】

人无法自由地选择生活的时代和环境，却可以自主地决定处世原则和策略。"智欲圆而行欲方"被古人视为境界极高的人生智慧，洪应明则更强调审时度势，根据对世道时局的判断和对历史可能性的洞察，灵活选择或方或圆、或方圆并用的处世之法，不能"一条道儿走到黑"。对于正人君子来说，不难于持身方正、坚持原则，而难于懂得变通之道、掌握办事技巧。方圆并用的"变通"之道，并非毫无原则、八面玲珑的"活命哲学"，而是在面对恶劣环境时，既能坚持原则，又能保存实力，争取把事情办好。曾国藩说："立者发奋自强，站得住也；达者办事圆润，行得通也。"他所谓的"立"与"达"，说得也正是这种"方圆"之效。

立身处世要懂得变通，待人接物亦同此理：仁善之人少有心机，对其宽厚一些，彼此都能在和谐的人际关系中享受生命的美好；小人往往得寸进尺，与其交往要坚持原则，不要被其牵制利用；至于普普通通之人，则可根据具体情势，灵活选择宽严尺度。

我有功于人不可念，而过则不可不念；人有恩于我不可忘，而怨则不可不忘。

【译文】

我对别人有功劳，不可念念不忘，但是我对别人犯下的过错却不能不牢记在心；别人对我有恩德，我不可忘在脑后，但是别人对我的怨怼却不可不彻底忘记。

【点评】

此处说的是记忆与遗忘的智慧，也是选择的智慧，或者更准确地说，是在人与我的是非功过、恩恩怨怨之中，我们应该选择记住什么、遗忘什么。

阿拉伯著名作家阿里和吉伯、马沙两位朋友一起旅行，三人行经一处山谷，马沙失足滑落，幸而吉伯拼命拉他，才将他救起。马沙于是在附近的大石头上刻下"某年某月某日，吉伯救了马沙一命"。三人继续走了几天，来到一条河边，吉伯跟马沙为一件小事争吵起来，吉伯一气之下打了马沙一耳光。马沙跑到沙滩上，写下"某年某月某日，吉伯打了马沙一个耳光"。旅游结束后，阿里好奇地问马沙为什么要把吉伯救他的事刻在石上、将吉伯打他的事写在沙上，马沙回答："我感激吉伯救我，我将其刻在石上，要永远记住；至于他打我的事，写在沙滩上，是让流水冲走字迹，我也就将此事忘得一干二净。"牢记别人对你的帮助，知恩图报，是做人的美德；忘记别人对你的不好，化解仇怨，是宽容的智慧。老是念念不忘别人的坏处，实际上深受其害的是自己，既往不咎的人，才是轻松快乐的人。

心地干净，方可读书学古。不然，见一善行，窃以济私；闻一善言，假以覆短。是又"藉寇兵而赍盗粮"矣①。

【注释】

① 藉寇兵而赍（jī）盗粮：给敌寇供应兵器，给盗贼运送粮食，比喻做危害自己的蠢事。语本古谚"赍盗粮，藉贼兵"。李斯《谏逐客书》："今乃弃黔首以资

敌国，却宾客以业诸侯，使天下之士退而不敢西向，裹足不入秦，此所谓'藉寇兵而赍盗粮'者也。"

【译文】

心中没有私欲杂念，纯洁干净，方才可以研读、学习古代典籍。不这样的话，看见古人的一种美好品行，就窃取过来，使自己得益；听到古人的一句美善言辞，就借取过来，掩饰自己的缺点。这就又成了"给敌寇供应兵器、给盗贼运送粮食"了。

【点评】

读书学习不只需要勤奋，而且要有高尚的动机和纯洁的心灵。所谓"仁者见仁，智者见智"，一个人心里有什么，就有可能在所研读的书籍中看到什么、学到什么。鲁迅先生说一部《红楼梦》，"经学家看见《易》，道学家看见淫，才子看见缠绵，革命家看见排满，流言家看见宫闱秘事"，就是这个道理。心地纯洁的人读书学古，会以古圣先贤激励自己修身明德，会从历史中学到经验教训，从而对社会、对人类有所贡献；心术不正的人读书，会窃取古人的嘉言善行巧饰伪装自己的形象、掩盖自己的过失，甚至学到各种阴谋诡诈，去做危害社会、危害他人的事情。近年来，人们对历史的热衷达到前所未有的高度，各种冠以"另类"、"正说"、"细说"的历史书籍大行其道。在历史中感悟世态炎凉、剖析人性善恶，这本无可厚非，可是如果只将注意力放在挖掘历史的阴暗面和潜规则，抱着这种心态去读史书，只怕书读得越多，权谋诡诈学得越多，对自己、对他人就越不是好事了。

读书不见圣贤，如铅椠佣①；居官不爱子民，如衣冠盗②；讲学不尚躬行，如口头禅③；立业不思种德，如眼前花。

①铅椠（qiàn）：古人书写文字的工具。铅，铅粉笔，椠，书版。古代削木为牍，未经书写的素牍称椠。
②衣冠：衣和冠。古代士以上戴冠，因用以指士以上的服装。代称缙绅、士大夫。
③口头禅：佛教语。指不能领会禅宗哲理，只袭用它的某些常用语以为谈话的点缀。此种常用语亦称之为"口头禅"。

【译文】

研读经书，却不能洞见往圣先贤的思想精髓，这就像是只会刻字而不解其意的佣工；身居官位，却不爱护治下的百姓，这就像是穿着官服戴着官帽的强盗；公开讲学却不能身体力行，这就像是只会念经而不领会禅宗哲理的和尚；追求建功立业却不考虑布施恩德，这就像眼前瞬即凋谢的花朵。

【点评】

读书为希圣，居官当爱民，讲学要躬行，立业思种德，前者只是手段和形式，后者才是目的和本质。如果不能弄清这一层关系，哪怕书读得再多、官做得再高、讲学天花乱坠、功业显赫辉煌，轻则流于形式，重则欺世盗名，都不会有真实、恒久的收获。

　　人心有部真文章，都被残编断简封固了[①]；有部真鼓吹[②]，都被妖歌艳舞湮没了。学者须扫除外物，直觅本来，才有个真受用。

【注释】

①残编断简：残缺不全的书籍。此处指杂七杂八的书籍。

②鼓吹：鼓吹乐，古代的一种器乐合奏曲，亦即《乐府诗集》中的鼓吹曲。用鼓、钲、箫、笳等乐器合奏。源于我国古代民族北狄。汉初边军用之，以壮声威，后渐用于朝廷。泛指鼓吹声、乐曲声。

【译文】

　　人心中有一部真正的好文章，可惜都被杂七杂八的书籍封锁固塞了；有一首真正的好乐曲，可惜都被妖冶艳丽的歌舞遮盖淹没了。做学问的人必须扫除身外之物的干扰，径直寻觅人心中最自然的本性，才能真正受益无穷。

【点评】

　　明代中后期，阳明心学盛行。这一学说认为"万事万物之理，不外于吾心"，人在纷繁复杂的世事中奔波劳碌，在无休无止的欲念中沉迷煎熬，只有找到"虚灵不昧"的定盘星，才能无施而不可、无往而不恰。这个定盘星既不在任何貌似真理的说教中，也不在无穷无尽的对象界，只存在于人的心中，是人人具有、个个自足、不假外力的"良知"。可惜有人缺乏自信，把良知埋没了；有人贪欲太重，把良知遮蔽了；有人理障太深，看不见自己的心性。学者只有扫除一切外物的干扰，反求内心，把握良知，并将其推广扩充到万事万物，才能达到"万物一体"的境界。

苦心中常得悦心之趣①，得意时便生失意之悲。

【注释】
①苦心：辛勤地耗在某种工作上的心力。

【译文】
身处逆境、心情苦涩时，要能经常给自己寻找一些愉悦心情的乐趣；身处顺境、志得意满时，要能经常想想一旦不得志时的悲伤。

【点评】
"祸兮，福之所倚；福兮，祸之所伏"，这是《老子》一书中流传最广的名言，出自《淮南子·人间训》的成语"塞翁失马，焉知非福"，可以看做对这一"祸福论"的形象阐释。但是，在祸福苦乐的转化过程中，人也不是只能一味消极应变，任由宿命摆布，而是应该积极发挥主观意志的作用，一方面尽量防止灾祸发生或减轻灾祸带来的危害，另一方面也要尽力促使坏事向好的方向发展。人可能无法控制和改变环境，却可以控制和改变自己的心境。如果我们既能苦中作乐，又能居安思危，保持一种平衡理性、健康成熟的心态，就能坦然面对风风雨雨，享受春暖花开。

富贵名誉自道德来者，如山林中花，自是舒徐繁衍；自功业来者，如盆槛中花①，便有迁徙废兴；若以权力得者，如瓶钵中花，其根不植，其萎可立而待矣。

【注释】

①槛（jiàn）：防护花木的栅栏。

【译文】

富贵荣华、声名显誉如果是通过修养道德得来的，那就如同生长在荒山茂林中的花朵，自然可以从容开放，繁衍不绝；如果是通过建功立业得来的，那就如同栽种在花盆园圃中的花朵，难免会被搬来搬去，因为环境改变而有兴盛枯萎；倘若是凭借权力非法得来的，那就如同养在花瓶水钵中的花朵，由于根茎没有扎入泥土之中，它的凋谢枯萎是立等可待的。

【点评】

"富与贵，是人之所欲也"，获得富贵，远离贫贱，这是生活在现实社会中人的一种欲望和共性。即使被推崇为道德楷模的孔子同样追求富贵，声称"富而可求也，虽执鞭之士，吾亦为之"。不过，孔子的富贵观是以仁德和道义为前提条件的，"不义而富且贵，于我如浮云"，"不以其道得之，不处也"，他绝不会用不正当的手段去获取和享受富贵。

对于道德名誉，洪应明也持区别对待的态度。他把通过修养道德、建功立业、倚仗权势获得的富贵名誉分别比作山林中花、盆槛中花、瓶钵中花，来路不正的富贵名誉像转瞬凋零的花朵，是不可能长久享用的。

栖守道德者①，寂寞一时；依阿权势者，凄凉

万古。达人观物外之物，思身后之身，宁受一时之
寂寞，毋取万古之凄凉。

【注释】

①栖：禽鸟歇宿，引申为投身、附身。

【译文】

恪守道德节操的人，所受的孤寂冷落是一时一世的；
依附强权贵势的人，所受的唾弃凄凉是千秋万载的。通达
之人更看重物质之外的精神世界，常思考身死之后的不朽
形象，因此，他们宁可忍受一时一世无人理解、无人理睬
的寂寞，决不自取千秋万载遭人唾骂、遭人鄙视的凄凉。

【点评】

道德水准与社会地位并不天然对立，更不存在此消彼
长的制约关系。然而具体到现实环境中，二者却常似鱼与
熊掌不可兼得，必须做出艰难、明确的选择。更为艰难的
是，道德与权势看起来又是如此不对等：道德是虚的，权
势看起来却实实在在；道德修养的道路漫长苦寂，阿附权
势却常能使人平步青云、呼风唤雨。人生在世，有一些必
须满足的基本需求，又可能受到永无止境的欲望的驱使，
这种来自内、外两方面的压力，更放大了眼前物质利益的
分量，更强化了权势对某些人的吸引力。心中的天平究竟
是倒向道德还是权势？生命的意义究竟只在眼前之身，还
是延伸到身后的声名？只有那些达观之人才能摆脱物质束
缚，跳出时空局限，将生命放到更悠久、更宽广的大坐标
中去考量，从而做出正确的选择。

春至时和，花尚铺一段好色，鸟且啭几句好音。士君子幸列头角①，复遇温饱，不思立好言、行好事，虽是在世百年，恰似未生一日。

【注释】

①头角：比喻青少年的气概或才华。此指优胜者。

【译文】

春天来了，天气和顺，花儿还能铺展出一片美丽的颜色，鸟儿还能鸣叫出几句婉转的声音。士人君子有幸跻身优胜者行列，又遇上能够吃饱穿暖的好日子，如果不考虑写些好文章、做些好事情，即使能在世间活到百年，也正像没有活过一天那样毫无意义。

【点评】

花发百色，鸟啼千山，仿佛是在回馈赋予它们生命的春天，也是在实现自身生命的价值。大自然暗示我们做人的道理，可是，世上多少人不明白，多少人不去做。生命本身不存在任何先决的意义，我们活着就是要去创造出这个意义，最大限度地发挥生命的价值，实现自我发展和自我创造。如果一辈子浑浑噩噩地活着，始终没有明白活着的价值和意义，那就简直白在世上走了一回，甚至不及那些无智无识的禽鸟花木。

学者有段兢业的心思①，又要有段潇洒的趣味。若一味敛束清苦，是有秋杀无春生，何以发育万物？

①兢业:"兢兢业业"的省语,谨慎戒惧。

【译文】

做学问的人,既要有一种兢兢业业、谨慎戒惧的心思,又要有一种洒脱不拘、悠闲自在的情趣。倘若一味约束自己谨言慎行、过分追求清心寡欲,这样的人生状态就像只有秋天的肃杀凄凉,没有春天的盎然生机,怎能使万物萌发生长呢?

【点评】

孔门高徒颜回箪食瓢饮、居于陋巷却能自得其乐,原宪茅屋瓦牖、粗茶淡饭却自甘贫寒,所以古人说"昔回、宪以清苦称高",他们也因之成为道德的典范。明代中叶发展出的心学,却主张人应活得合理而又滋润,认为最佳的生活状态应该是符合人性、长久不败的,反对故意跑偏的做法,即使修身治学也不例外。人生既要符合正义,又要保持平衡和生机,就像大自然在四季轮回中生生不息。

真廉无廉名,立名者正所以为贪;大巧无巧术,用术者乃所以为拙。

【译文】

真正清廉的人并不追求清廉的美名,热衷树立清廉之名,恰恰暴露出内心的贪得无厌;有大聪明、大机巧的人不会玩弄巧妙的手段,喜欢玩弄机巧心术,恰恰彰显出真正的拙劣愚蠢。

【点评】

自古以来，官场之中以廉自居、欺世盗名者比比皆是。那些腐败分子骨子里视钱如命、贪得无厌，却偏要装成一尘不染、两袖清风；一贯巧取豪夺、中饱私囊，却偏要装成正直无私、清正廉明。"贪"得愈多，装得愈"廉"。对于形形色色的贪官，善良的人们往往只注意他们的表面言行，而不知道这其实只是伪装和作秀，是一种大贪若廉的"障眼法"。鲁迅说："自称盗贼的无须防，得其反倒是好人；自称正人君子的必须防，得其反则是盗贼。"我们要警惕假廉之徒的伪装术，不要被他们的清廉之名迷惑。"一日当官，忧君国之忧，不忧其身家之忧，宁静澹泊，斯名真廉。"（林纾《析廉》）

心体光明，暗室中有青天；念头暗昧，白日下有厉鬼。

【译文】

心地光明磊落，即使坐在黑暗的屋子里，也如头顶朗朗晴空一样坦然；心思邪恶不正，即使待在明晃晃的太阳光下，也会担心有厉鬼缠身。

【点评】

人的心理具有隐秘性，是真是伪，是善是恶，别人难以觉察，只有自己知道。心地光明磊落、不做亏心之事的人，能够活得踏实坦然；心思邪恶不端、担心被人发现的人，难免提心吊胆。人生所有问题全都系于心念，一念之差，决定我们生活在地狱还是天堂。

人知名位为乐，不知无名无位之乐为最真；人知饥寒为忧，不知不饥不寒之忧为更甚。

【译文】

人们只知道有名誉、有地位是一种快乐，却不知道没有名誉、没有地位的快乐才是最真实的快乐；人们只知道吃不饱、穿不暖是一种忧患，却不知道不用忍饥、不会受寒的忧患才是更严重的忧患。

【点评】

"重要人物"的"高峰体验"虽好，但是，且不说"高处不胜寒"，单是"身在其位，必谋其政"，就很难让人享受无忧无虑的闲情逸致了，这就是所谓的"名位之累"。名利都是身外之物，人在追求自我实现的过程中，不应忽视生命本身的自由和快乐。

为恶而畏人知，恶中犹有善路；为善而急人知，善处即是恶根。

【译文】

做了坏事害怕别人知道，虽是作恶，但是还有一条改恶从善的道路；做了好事急于让人知道，虽是行善，同时却也种下恶念潜滋暗长的根芽。

【点评】

评价善行与恶行，不能单看表面现象，还需考虑行为背后的心理因素，否则就有可能失之片面和武断。如果做坏事时害怕被人知道，那么这种人至少还有良知，还有弃恶从善的可能；如果做善事时急于让人知道，那么这种人其实只为虚名，内心早已种下恶根。所以，无所顾忌地作恶才是真恶，不经意间行善方为真善。由此看来，善与恶既是对立的，也是相对的，关键在于为善或为恶者内心的出发点是什么。

天之机缄不测^①，抑而伸、伸而抑，皆是播弄英雄、颠倒豪杰处。君子只是逆来顺受、居安思危，天亦无所用其伎俩矣^②。

【注释】

①机缄（jiān）：机关开闭，代指推动事物发生变化的力量。亦指气数，气运。

②伎（jì）俩：手段，花招。

【译文】

上天对人类命运的主宰和安排，从来都是难以预测的。上天有时先屈抑一个人的志向，之后又让他施展抱负；有时先让一个人实现志向，之后又让他遭受困苦抑郁，这些都是上天操纵英雄、摆布豪杰的手段。君子只要能够在逆境厄运中采取忍受顺遂的态度、在顺境安宁中想到可能出现的危难，上天也就无从施展那些戏弄世人的花招了。

【点评】

孟子说："天将降大任于是人也，必先苦其心志，劳其筋骨，饿其体肤，空乏其身，行拂乱其所为，所以动心忍性，曾益其所不能。"在孟子眼中，那些承担大责任、取得大成就的人之前所经历的种种坎坷，都是有理性、有远见的"天"有意安排的磨炼和考验。在孟子的文章中，充溢着一种英雄主义的豪气。在洪应明眼中，这个以不测之机"播弄英雄、颠倒豪杰"的"天"却少了些正义和理性，多了些阴险诡异，似乎把折腾世人当成乐趣。面对这样一个神经质的"天"，洪应明提出逆来顺受、居安思危的应对策略，虽然也还带点儿"人定胜天"的意思，却显然是把自己放在弱者的地位了。

福不可徼①，养喜神以为招福之本；祸不可避，去杀机以为远祸之方。

【注释】

①徼（yāo）：通"邀"。招致，求取。

【译文】

福分不可强求，培养喜悦的心神，就是招来福分的根本；灾祸不可避免，去除害人的念头，才是远离灾祸的方法。

【点评】

"祸之来也，人自生之；福之来也，人自成之。"在祸福问题上，古人极为重视人的主观因素。小说《水浒传》中，晁盖等人劫了生辰纲，投奔水泊梁山。此前已在梁山当了多年寨主的王伦心胸狭隘、嫉贤妒能，害怕众豪杰势力相压，所以百般推托，不肯收留。豹子头林冲怒斥其为"笑里藏刀、言清行浊"的小人，将其杀死。"量大福也大，机深祸亦深"，王伦正是因为心术不正，"只将寨主为身有，却把群英作寇仇"，最终落得"不肯留贤命不留"的下场，这虽是小说中的情节，亦可为世人之戒。

十语九中未必称奇，一语不中，则愆尤骈集^①；十谋九成未必归功，一谋不成则訾议丛兴^②。君子所以宁默毋躁、宁拙毋巧。

【注释】

①愆（qiān）尤：过失，罪咎。骈（pián）集：凑集，聚会。

②訾（zǐ）议：非议。

【译文】

十句话有九句说得正确，人们未必对你啧啧称奇，可是只要一句说错，埋怨指责就会聚集到你的身上；十个谋略有九个都能成功，人们未必归功于你，可是只要一谋失败，非议诋毁就会纷至沓来。这就是君子宁愿保持沉默也不浮躁多言、宁愿显得笨拙鲁钝也不炫耀机巧的原因。

【点评】

虽然语言是人类的天赋、智慧是人类的骄傲，但是多言无益、言多必失，所以历代先贤不约而同地倡导谨言慎行，世界上许多民族也都把沉默视为美德。人性中有许多弱点，扬恶隐善即为其一。只要有片言只语不尽如人意，埋怨指责就会纷至沓来；只要一个策略出现闪失，就有可能成为把柄。因此，与其处处逞强耀能，不如含蓄收敛一些，绝对不要自作聪明，害人害己。

天地之气，暖则生，寒则杀。故性气清冷者，受享亦凉薄。惟气和暖心之人，其福亦厚，其泽亦长。

【译文】

天地之气运行变化，气候温暖则万物生长，气候寒冷则万物肃杀。同理，性情脾气清淡冷漠的人，所享有的福分也比较淡薄。只有那些性情温和、暖心热肠的人，所享受的福分才会深厚，所留下的福泽才会绵长。

【点评】

人生的冷暖，取决于心灵的温度。生性孤傲清高、待人接物少有热情乃至冷若冰霜的人，让人不敢或不愿与之接近，这样的人注定要作天煞孤星；情感温度适中的人，待人暖如艳阳、和如春风，乐于助人，慈悲为怀，因而也能广结人缘，在需要时能够得到他人的援助。

天理路上甚宽①，稍游心，胸中便觉广大宏朗；人欲路上甚窄，才寄迹，眼前俱是荆棘泥涂。

【注释】

① 天理：天道，自然法则。宋代理学家把封建伦理看做永恒的客观道德法则，称"天理"。

【译文】

追求天理正道的路途十分宽广，稍稍倾注一点心神，胸中就感觉无限光明，坦荡开阔；追求个人欲望的路途十分狭窄，刚刚踏上一个脚印，眼前就已是荆棘丛生、泥泞遍地。

【点评】

人生之路，宽窄有别，取决于自己的选择，决定选择的关键因素是人的欲望。南宋理学家朱熹有诗云："世上无如人欲险，几人到此误平生。"滚滚红尘中，有人沉迷于物欲名利的追逐之中，机关算尽，脑筋用尽，得寸进尺，得陇望蜀，在一张张盘根错节的名缰利网中挣扎，只会让自己的心路越走越窄。只有那些能够战胜与生俱来的贪欲、转而探求天理正道的人，才能解放自己的心灵，发现广袤的人生之境。

一苦一乐相磨练，练极而成福者，其福始久；一疑一信相参勘，勘极而成知者，其知始真。

【译文】

经历过一种苦难，再经历一种快乐，在两种体验中交替磨炼自己，磨炼至极而获得幸福，这种幸福才能绵长不绝；有过一番疑惑，又有过一番确信，把两种感受反复进行考索比较，考索至极而获得知识，这种知识才是真知灼见。

【点评】

生在蜜罐中是一种福，却可能不长久，也可能因为没有经历过艰辛而对幸福没什么感觉；别人告诉你一些道理是一种知，却可能不真切，也可能因为省略求知过程而无法透彻理解。晚清学者王国维曾在《人间词话》中提出"三种境界说"，认为"古今之成大事业、大学问者，必经过三种之境界"："昨夜西风凋碧树，独上高楼，望尽天涯路"（晏殊《蝶恋花》）是第一境，象征孤绝寂寞中对理想与目标的求索；"衣带渐宽终不悔，为伊消得人憔悴"（柳永《蝶恋花》）是第二境，象征为了实现理想而付出的艰辛；"众里寻他千百度，回头蓦见，那人却在灯火阑珊处"（辛弃疾《青玉案》）是第三境，象征长期困惑失望之际突然获得成功的喜悦。"那人"总在天涯尽头等待，总在千百次追寻后现身，真理是如此，幸福亦是如此。

地之秽者多生物，水之清者常无鱼①。故君子当存含垢纳污之量②，不可持好洁独行之操。

【注释】

①水之清者常无鱼：水太清，鱼就不能藏身，语本《大戴礼记·子张问入官》："水至清则无鱼，人至察则无徒。"后以"水至清则无鱼"比喻对人对事过于苛察，就不能容众。

②含垢纳污：忍受耻辱，宽容污秽。

【译文】

污秽的土地上往往多生万物，清澈的流水中常常没有游鱼。因此君子应当具有宽容污秽、忍受耻辱的气量，不可秉持嗜洁成癖、特立独行的节操。

【点评】

东晋宰相谢安"才兼文武，志存匡济"，隐居时"高谢人间，啸咏山林，浮泛江海"，出山后"从容而杜奸谋，宴衎而清群寇"，在内成功阻抑桓温的篡位野心，对外击溃苻坚的百万之众，被誉为"江左第一风流名相"，修纂《晋书》的史臣由衷地称赞他"君子哉，斯人也"。这位清雅随和的名士执政时，不少逃亡的士兵杂役就近躲在秦淮河南塘码头的繁华地带，有人认为不应任由这些人在京都地界为法乱纪，提议严厉搜查，谢安却说："如果不容这些人安身，还算什么京都？"在他看来，王都所在，俗具五方，人物混杂，贵贱同处，争荣逐利，豪强纵横，盗贼不禁，古往今来，莫不如此，只有能够包容这些现象，才算得上京都。后来曾国藩打下南京，秦淮河上重又画舫云集，恢复承平气象，不少官员沉溺于朝歌夜弦、纸醉金迷之中，流连忘返。江宁知府向曾国藩建议禁绝这种风气，曾国藩却欣然说道："还有这种地方？明天给我准备条船，我想邀请诸公到秦淮河上一游，领略此中风趣。"知府不敢再提禁绝之事。对此有人评论："曾国藩正师谢安之意。"这两位卓越的政治家行事如出一辙，因为他们全都深知"水至清则无鱼，政至察则众乖，此自然之势也"。

人只一念贪私，便销刚为柔，塞智为昏，变恩为惨，染洁为污，坏了一生人品。故古人以不贪为宝，所以度越一世。

【译文】

人只要有一丝贪求私利的念头，精刚之志就会被销蚀得柔软脆弱，明智之心就会被阻塞得糊涂昏聩，恩泽慈善就会变成狠毒残忍，洁身素行就会染得污浊不堪，一生的人格品行就会因此而败坏。所以古人把不贪作为修身养性的宝贵品质，以此超凡脱俗地度过此生。

【点评】

《左传·襄公十五年》中说：宋国有个人得到一块玉石，献给大夫子罕，子罕却不接受。献玉的人说："我给玉工看过，玉工认为是件宝物，所以小人才敢将这块玉石敬献给您。"子罕说："我把'不贪'之德视为宝物，你把这块玉石视为宝物。如果你把玉石给我，那么我们全都失去自己的宝物，不如各自拥有自己的宝物吧。"献玉之人向他跪拜行礼，继续恳求说："小人身怀此玉，根本不敢外出，今天把它敬献给您，希望能够免于一死。"子罕于是把玉石交给玉工雕琢，把加工好的玉器卖掉，使这个人富裕之后，派人送他回到原来的地方。古往今来，权、钱、色、名诸种诱惑，不知引多少英雄竟折腰。因为一念之贪，意志被消磨，心智被耗损，人际关系被败坏，人格品行被玷污。当贪念在脑海中闪现之时，我们都应想想子罕"不贪为宝"的名言。

耳目见闻为外贼①，情欲意识为内贼，只是主人公惺惺不昧②，独坐中堂，贼便化为家人矣。

【注释】

①贼：佛教称色、声、香、味、触、法为"六尘"，谓此六尘能以眼、耳等六根为媒介，劫掠"法财"，损害善性；称眼、耳、鼻、舌、身、意为"六根"，谓此六根妄逐尘境，如贼劫财。

②主人公：主人。惺惺：清醒的样子。不昧：不晦暗，明亮。

【译文】

耳闻妙声，目见美色，这是外部闯来的盗贼；情感欲望、识见心理，这是潜藏于内心世界的盗贼。只要主人清醒警觉，不受诱惑，独自端坐正堂，所有这些内外之贼，就都会变成自己的家人了。

【点评】

"破山中贼易，破心中贼难"，这是心学大师王阳明的名言。王阳明提出"心外无理"的哲学命题，认为事物之理不存在于客观事物当中，而是存在于人们心中，这就是"良知"。他还认为，"人人心中自有定盘针"，只要能够扫除外来物欲的蒙蔽，灭绝各种不应有的欲望，就能"致良知，求放心"，使得事事物物皆得其理。诞生于明代中叶的神魔小说《西游记》正是通过改造玄奘取经故事，用艺术化、形象化的手法来宣传当时十分盛行的心学思想的。

孙悟空是《西游记》中最活跃的形象，常被称为"心猿"，其实就是人心的幻象。他本是天地育化的石猴，无善无恶却又至善至恶。当他学道归来，为满足物欲（索要兵器铠甲）而闹龙宫，为满足长生欲望而闹地府，为满足权力欲望而闹天庭，心之本体在日益膨胀的欲望作用下无限放纵，只有如来佛祖运用莫大法力，才能将"心猿"定在五行山下。五百年中，他"渴饮溶铜捱岁月，饥餐铁弹度时光"，心中逐渐萌生悔过之意。第十四回"心猿归正，六贼无踪"中，悟空被唐僧救出，归了正道，开始取经过程，也开始了修心的过程。上路不久，就遇到六个拦路抢劫的强盗，分别名为眼看喜、耳听怒、鼻嗅爱、舌尝思、意见欲、身本忧，显而易见，这六个毛贼不过是眼、耳、鼻、舌、身、意六种欲望的化身而已。孙悟空打杀他们，从此"六根清净"，与"心中贼"决裂，此后一路斩妖除怪，逐渐破除心中欲望，回归到心之本体。孙悟空被封为"斗战胜佛"，他战胜了群魔，也战胜了自己。

图未就之功，不如保已成之业；悔既往之失，亦要防将来之非。

【译文】

与其图谋尚未开创的功绩，不如努力保有已经成就的事业；既要追悔以往的过失，也要用心防范将来可能出现的错误。

【点评】

俗语说："二鸟在林，不如一鸟在手。"人不能不做长远打算，却也不能总是活在对未来的空想之中，珍惜眼前所拥有的一切，是一种现实而又务实的态度。有个"破甑不顾"的故事：东汉有个叫孟敏的人，客居太原，曾到市场买甑，挑着往回走，不小心把甑掉在地上摔破了，可是他头也不回，步履如常，只管走路。名士郭林宗恰好看到这一幕，感觉奇怪，问道："甑摔破了，很是可惜，你为何看都不看一眼？"孟敏却说："既然甑已破了，我看它又有什么好处？"生活中有多少想不来的"林鸟"，又有多少看不回的"破甑"啊！空想无功，悔恨无益。陶渊明在《归去来兮辞》中说："悟以往之不谏，知来者之可追。"反思过去的错误，不是为了停在过去，而是为了更好地把握现在，走向未来。

气象要高旷，而不可疏狂；心思要缜细，而不可琐屑；趣味要冲淡，而不可偏枯；操守要严明，而不可激烈。

【译文】

气宇格局要高远旷达，却不可疏狂无拘；心思念头要缜密细致，却不可烦琐细碎；情致趣味要冲和淡泊，却不可单调枯燥；操行志节要严格明确，却不可偏激刚烈。

【点评】

孔子的学生子贡问孔子："子张和子夏哪个人更贤明一些？"孔子回答说："子张常常超过周礼的要求，子夏常常达不到周礼的要求。"子贡又问："这样看来，子张是不是比子夏更好一些？"孔子回答说："过犹不及。"中庸之道是儒学的核心思想，是孔子乃至儒家立身处世的基本方法。"中"就是"无过无不及"，是"适度"，按照这个标准，超过和达不到的效果是一样的。注重人格修养的人，通常都会把气度高旷、心思缜密、趣味冲淡、操守严明作为修行标准，却也必须留意不可用力过猛，走向另一个极端。

风来疏竹，风过而竹不留声；雁度寒潭，雁过而潭不留影。故君子事来而心始现，事去而心随空。

【译文】

轻风吹过稀疏的竹林，林中发出沙沙的声响，风停之后，竹林归于寂静，不会留下声音；大雁飞过寒凉的水潭，潭面映出大雁的影子，雁过之后，潭水依然平静，不会留下影子。所以君子行事也要这样，事情发生，心中浮现各种情绪；事情过后，心境随之归于空寂。

【点评】

佛家追求"心无挂碍"，认为内心没有任何牵挂，才能没有恐惧、远离烦恼；庄子则说："至人之用心若镜，不将不迎，应而不藏，故能胜物而不伤。"意思是说：修养高尚的至人，心思就像一面镜子，对于外物，来者即照，去者不留，应合事物本身，从不有所隐藏，所以能够反映外物而又不因此损心劳神。不过对于尘世间的芸芸众生来说，总有大大小小、彼伏此起的俗情琐事，不得不去处理和应付，如何才能不让自己身陷无穷无尽的烦恼纠缠之中？秘诀就是要有一颗拿得起放得下、不凝滞于外物的心。当有事情需要处理时，就全心全意投入其中，亦会因之而有喜怒哀乐；当事情过后，就不必再前思后想、百般牵挂，这样的人生才能轻松潇洒。

清能有容，仁能善断，明不伤察，直不过矫，是谓蜜饯不甜、海味不咸，才是懿德。

【译文】

清正廉明却能够包容，仁慈厚道却善于决断，明智聪慧却不流于苛察，正道直行却不矫情反常，这就像蜜饯虽由蜜汁浸渍而成，却不过分甜腻，海产的鱼虾虽然出自大海，却不会咸得难以下咽，这才是真正美好的品德。

【点评】

性格品质中的长处，有时也会成为弱点：过于清廉耿介，可能眼里不容沙子；过于仁慈厚道，可能缺乏主见；过于明察秋毫，可能变成苛刻挑剔；过于刚直无私，可能矫枉过正。完美的品德应该是符合中庸之道的。至于如苏轼所批评的，东汉明帝"以察为明"、南朝梁武帝"以弱为仁"，那就更连明智和仁慈的标准都弄错了。

贫家净扫地，贫女净梳头。景色虽不艳丽，气度自是风雅。士君子当穷愁寥落，奈何辄自废弛哉？

【译文】

贫穷人家把地面扫得干干净净，贫寒女子把头发梳得整整齐齐。这番景象虽然不够鲜艳明丽，却自有一种素雅朴实的风韵气度。可是，士人君子为何一旦遭遇穷困愁苦、寥倒落寞，就轻易自暴自弃、松弛懈怠呢？

【点评】

人活着，有时靠的是一种精神气儿，一旦缺了奋发向上的精神，破罐儿破摔，就很难成就大事。常言道："人穷志不短。"穷困潦倒之时，更需要一种精神气概作为支撑。如果有种高贵的气质，即使无法改变物质上的处境，同样能够活得有品质、有尊严。人不能被环境打倒，能够打倒自己的，只有自暴自弃的心理。

闲中不放过，忙中有受用；静中不落空，动中有受用；暗中不欺隐，明中有受用。

【译文】

清闲无事中的时光没有白白放过，紧张忙碌时就会从中受益；安定静止时没有无所事事，采取行动时就会从中受益；背着人时没有欺骗隐瞒，公开场合就会从中受益。

【点评】

生活的节奏有时不由个人掌握，生活的舞台有时不由自己安排。很多人都曾有过这样的情况：有时忙得要死，有时闲得发慌；有时静得如一潭死水，有时动得像紧绷的琴弦；有时监督我们做事的只有良心，有时举手投足都要暴露在青天白日之下。忙碌紧张时能游刃有余，动荡不安时能从容不迫，众目睽睽下能坦然无愧，这种人生的高境界，绝非单靠空想所能达到，需要平时里预先规划，并在点点滴滴的细节方面做好准备。东晋名将陶侃遭人忌妒，被降派到广州担任闲职，无所事事，就每天早晨把一百块砖头从书房搬到外面，晚上又搬回书房之中。人们问他为何要做这种无用功，陶侃说："我立志收复中原，如果现在过于安逸悠闲，将来恐怕难当大任，所以借此练练筋骨。"即使被命运抛入无法行动、无事可忙的困境之中，陶侃仍以运砖的方式励志勤力，机遇从来偏爱这种有准备的人。

天薄我以福，吾厚吾德以迓之①；天劳我以形，吾逸吾心以补之；天扼我以遇，吾亨吾道以通之②。天且奈我何哉！

【注释】

①迓（yà）：迎击，抵御。

②亨：通达，顺利。

【译文】

上天减损我的福分，我就通过增益我的品德来面对它；上天劳损我的身体，我就通过放逸我的心情来弥补它；上天阻扼我的际遇，我就通过修养道德来打通它。假如我能做到这些，上天又能把我怎样？

【点评】

阳明心学的核心思想是每个人都可以而且应该"自力更生"地去做一个伟大的普通人。人不能改变命运，却可以改变自己；要做自己的主人，而不能做命运的奴隶。即使受到命运的打击，也要勇于迎接挑战，通过增益品德来自求多福，通过放逸心情来自求长寿，通过道德修养来自求通达。只要握住自家的权杖，就能成为一个顶天立地的大写的人！

真士无心徼福，天即就无心处牖其衷；险人着意避祸，天即就着意中夺其魄。可见天之机权最神，人之智巧何益？

【译文】

有操守、有才能的人无意谋求福泽，于是上天就在其无意的举动中启发他的内心，给他送来福泽；阴险邪恶的人刻意躲避灾祸，于是上天就在其刻意的行为中夺走他的魂魄，给他降下灾祸。可见上天的机智权谋最为神妙莫测，与此相比，人的机谋巧诈又算得了什么呢？

【点评】

古人认为冥冥之中自有天意，人应该谨慎地做好自己该做的事，然后静待上天安排。《韩非子·扬权》说："圣人之道，去智与巧。智巧不去，难以为常。民人用之，其身多殃；主上用之，其国危亡。"平民使用智巧，自身多有灾殃；君主使用智巧，国家就会灭亡。这话虽有危言耸听之嫌，但是"机关算尽太聪明，反误了卿卿性命"的例子，绝非只有"嘴甜心苦，两面三刀，上头一脸笑，脚下使绊子，明是一盆火，暗是一把刀"的王熙凤，做人，还是把心放平放正、顺其自然为好。

声妓晚景从良①，一世之烟花无碍②；贞妇白头失守③，半生之清苦俱非。语云"看人只看后半截"，真名言也。

【注释】

①声妓：旧时宫廷及贵族家中的歌姬舞女。晚景：晚年的境遇。从良：妓女脱离乐籍而嫁人。

②烟花：指妓女或艺妓。

③贞妇：从一而终的妇女。

【译文】

歌姬舞女如果晚年脱离乐籍而嫁人，那么此前沦落风尘的经历，对她今后的生活并没有什么妨碍；坚守节操的妇女如果晚年丧失节操，那么半生的清苦守节就全都失去了意义。俗语说"看人只看后半截"，真是至理名言啊。

【点评】

《诗经·大雅·荡》中有诗曰："靡不有初，鲜克有终。"无论做人、做事还是做官，没有几人不肯善始，却很少有人能够善终。一位七十岁的外国老翁带着儿子千辛万苦登上珠峰，站在峰顶，他兴奋地给九十高龄的老父打去电话，老父却告诫儿孙说："不要高兴太早，上去了不算成功，只有平安下了山，才算成功。"人生之路亦是如此，此前的成就固然重要，更重要的是接下来的道路如何去走。

平民肯种德施惠，便是无位的卿相；仕夫徒贪权市宠，竟成有爵的乞人。

【译文】

平民百姓如果愿意尽自己的能力修养德行、广施恩惠，就像是没有爵位的公卿宰相；为官做宰的人如果只想着贪图权势、博取恩宠，也会变成徒有爵位的乞丐。

【点评】

按照权势、财富划分人的等级，这是世俗之见；评价人的道德品行，却另有一套标准。只要人有种德施惠之心，即使能力有限，同样受人景仰。就拿慈善事业来说，捐款数目的多少不是衡量慈善家的标准，只要人能以不求回报之心为增进人类福祉做出努力，哪怕只是贡献微不足道的钱物，也是在做慈善；相反，如果怀着功利之心，不论捐了多少钱，也始终只是一个追求利益的商人。至于打着慈善旗号牟取不当利益，那就更与慈善理念背道而驰，需要对其追究法律责任了。

问祖宗之德泽，吾身所享者是，当念其积累之难；问子孙之福祉，吾身所贻者是[①]，要思其倾覆之易。

【注释】

①贻（yí）：赠送，遗留。

【译文】

要问祖宗给我们留下什么德泽，只要看看我们现在所享受的生活就知道了，所以应该时时感念祖先积德累善是多么艰难；要问子孙将来会享有什么福祉，只要看看我们此生能给他们留下什么恩泽就知道了，所以需要经常想想败德倾家是多么容易。

【点评】

古人相信因果报应，认为种什么因，结什么果，"莫道因果无人见，远在儿孙近在身"。祖宗积德行善，后代子孙便能享受福泽，反之则会遭到报应。由于每个人都是因果链条中的一环，生在幸福之中的人应对祖先怀有感恩之情，为了子孙后代永享幸福，自己也要努力积德行善。其实，从人类文明传承的角度来说，这句话确实有其深刻道理。我们今天所利用的资源和技术，都是历代先辈们日积月累而来的，我们在安享这些财富时，应该感念它们的来之不易；我们也要节约资源、保护环境，为后代创造出更好的生存空间。

君子而诈善，无异小人之肆恶；君子而改节，不若小人之自新。

【译文】

身为君子却假装为善，就和小人恣意为恶没什么区别；身为君子却改变节操，还不如小人愿意改过自新。

【点评】

古代称地位高的人为君子，如果这种人伪装行善或操守不一，比肆意为恶的市井小人危害还大。金庸小说《笑傲江湖》中的华山派掌门岳不群就是一个典型的伪君子，他地位崇高，声望卓著，仪表超凡脱俗，举止蕴藉儒雅，处处谦卑退让，在江湖上有着"一等一的声誉"，人送"君子剑"的雅号。然而，这个所有人心目中最完美的君子，恰恰有着最贪婪险恶的内心，他不仅用尽阴谋诡计陷害敌人，而且以冠冕堂皇的名义，在温情脉脉的面纱下，伤害了所有至亲至爱的人。"不怕真小人，就怕伪君子"，在生活中，我们要特别提防那些披着羊皮的狼。

　　家人有过，不宜暴扬，不宜轻弃。此事难言，借他事而隐讽之；今日不悟，俟来日正警之。如春风之解冻、和气之消冰，才是家庭的型范。

【译文】

　　家人有了过错，不应当到外面暴露传扬，不应当轻易弃之不理。如果他所犯的错误不方便直说，就借其他事情用暗示性的语言劝告他；如果今天他不能省悟，就耐心等到来日再真诚地警示他。如同温暖的春风悄悄融化冻土、温和的空气缓缓消释坚冰，这才是家庭生活应有的样子。

【点评】

　　修身、齐家、治国、平天下，是古代士子的人生理想。治国实难，齐家也不容易，真正有机会、有能力达成此愿者，古往今来寥寥可数，东晋名相谢安算是其中的佼佼者。千百年来，人们不仅盛赞他安邦济世的宏功伟业，也津津乐道于他以身作则、潜移默化的家教风范。谢安的兄长谢据小时候曾经爬到屋顶上熏老鼠，他33岁病逝，儿子谢朗当时年纪小，不知道父亲干过此事，后来听人说一个"傻子"干过，就跟着嘲笑，而且几次三番说起这个笑话。魏晋时期讲究家教门风，儿子这样嘲笑死去的父亲，是很丢脸的。谢安知道谢朗不了解详情，就在一次闲谈时，装作随意地对他说："有人编造了熏老鼠的事情诽谤我二哥，还有人说那件事是我跟二哥一起干的。"谢朗顿时明白他嘲笑的那个"傻子"就是死去的父亲，懊恼不已，一个月闭门不出。谢安撒了个谎，把事情引到自己身上，以此点醒侄儿，真可以称得上"德教"了。看来谢安是深谙家庭教育这门艺术之精髓的。

此心常看得圆满，天下自无缺陷之世界；此心常放得宽平，天下自无险侧之人情。

【译文】

自己的内心常往圆满无缺处想，整个世界自然变成没有缺陷的世界；自己的内心常常放得宽仁公平，整个世界自然没有险恶邪僻的人心。

【点评】

东晋太傅司马道子夜坐书斋，看见皎月当空，没有一丝云影，赞叹夜景极佳。他的僚属谢重却说："我觉得天空明净，倒不如微云点缀，景色更好。"司马道子跟他开玩笑道："你自己居心不净，难道还要把天空也弄得不干不净吗？"司马道子的意思是说，心地干净的人喜欢明净的天空，心地不净的人才愿意天空中飘着云影呢。几百年后，远贬海南的北宋大文豪苏轼遇赦北归，夜渡琼州海峡后写下"云散月明谁点缀，天容海色本澄清"的诗句，反用"居心不净，滓秽太清"之典，象征自己澄明洁净、纤尘不染的心灵。苏轼一生坎坷，屡遭政敌和小人陷害，却胸怀坦荡，与人为善，曾经自言"上可以陪玉皇大帝，下可以陪卑田院乞儿"，"眼前见天下无一个不好人"。哪怕在现实的墙壁上撞得满头大包、浑身带血，始终保有一颗纯真烂漫的赤子之心，相信别人，且以热忱相待，这不仅需要大胸怀，更需要大智慧。

淡薄之士，必为浓艳者所疑；检饬之人，多为放肆者所忌。君子处此固不可少变其操履，亦不可太露其锋芒。

【译文】

服饰雅淡朴素的人，必定受到衣冠华丽者的猜疑，因为他们总觉得你有所企图；行为检点约束的人，大多会遭到放纵不拘者的忌恨，因为他们总觉得你过于完美。君子处在这样的环境之中，固然不能稍稍改变操守，失去原则，却也不宜锋芒毕露，逞强显能。

【点评】

在强调同一的主流社会中，鹤立鸡群、出类拔萃的人总难免招致他人的侧目与嫉恨，因为人们总是倾向于用自己的标准去衡量别人，不喜欢看到与自己截然不同的人；总是喜欢用自己的心思去揣摩别人，居心叵测的人尤其如此。面对这种情势，淡泊名利、秉持操守的人，既要坚持做人原则，又要讲求生存策略，适度地收敛光芒，以一种疏远谦抑的姿态，躲避来自暗处的流矢和中伤。

居逆境中，周身皆针砭药石①，砥节砺行而不觉②；处顺境内，满前尽兵刃戈矛，销膏靡骨而不知③。

【注释】

①针砭（biān）：用砭石制成的石针，亦谓针灸治病。

②砥节砺行：砥砺操守和品行。

③销膏：灯烛燃烧时耗费油膏。《汉书·董仲舒传》："积恶在身，犹火之销膏而人不见也。"靡骨：粉身碎骨。

【译文】

身处逆境之中，仿佛全身都是治病的石针和药物，时时刻刻都在砥砺操守品行，自己却全然没有察觉；身处顺境之中，仿佛眼前全是危险的刀枪剑戟，时时刻刻都在消磨精神意志，自己却根本都不知道。

【点评】

孟子说："生于忧患，死于安乐。"从成事角度而言，顺境自然比逆境多了许多方便条件，但是从自身修养角度而言，逆境更能激发人的求生、求胜心理，所以反倒比顺境更有利于磨炼强者的意志。此处将逆境、顺境对举，其实所要强调的，还是顺境中要时刻保持警醒，以免在不知不觉中消靡颓废下去。

生长富贵丛中的，嗜欲如猛火，权势似烈焰。

若不带些清冷气味，其火焰不至焚人，必将自焚。

【译文】

在富裕显贵环境中长大的人，所养成的嗜好和欲望如猛火一般强烈，所拥有的权力和势力像烈焰一样灼人。倘若不培养一些清凉寒冷的情调加以抑制，这种火焰即使不至于烧着别人，也必然烧到自己。

【点评】

在总体生活水平比较低下的古代社会，"富贵"总有被视为"原罪"的倾向，不仅中国传统文化是如此，西方基督教中，耶稣曾说"富人进天堂，比骆驼进针眼还难"，也是这个意思。洪应明认为，在温柔富贵乡中长大的人，从小被金钱名利包围，稍有不慎就会燃起心中的欲望之火，这代表了当时一种比较普遍的看法。清圣祖康熙皇帝的儿子胤礽堪称"焚人"并"自焚"的最典型例子。胤礽刚满周岁就被立为皇太子，是清代历史上唯一一位明立皇太子。他自幼聪慧好学，文武兼备，极受康熙帝的重视和宠爱。他前后做了近四十年的储君，高高在上，养尊处优，逐渐形成不可一世、蛮横无理的性格，乖戾暴躁，四面树敌。康熙朝后期党争纷乱，胤礽深陷在与皇帝及诸皇子间错综复杂的政治斗争中，两废两立，最终导致人格分裂，落得幽死禁中的下场。时至今日，社会上常常出现一些"坑爹"的富二代、官二代，洪应明这句话仍有现实意义。

人心一真，便霜可飞、城可陨，金石可贯①。

若伪妄之人，形骸徒具，真宰已亡，对人则面目可憎，独居则形影自愧。

【注释】

①霜可飞：《淮南子》中说："邹衍尽忠于燕惠王，惠王信谗而系之，邹子仰天而哭，正夏而天为之降霜。"后因用"飞霜"以指冤狱。城可陨：西汉刘向《列女传·齐杞梁妻》中说：春秋时期齐国袭击莒国，大夫杞梁战死，"杞梁之妻无子，内外皆无五属之亲。既无所归，乃枕其夫之尸于城下而哭，内诚动人，道路过者莫不为之挥涕。十日而城为之崩"。这就是孟姜女哭长城这一传说的原型。金石可贯：《西京杂记》卷五："至诚则金石为开。"后因以"金石为开"形容一个人心诚志坚，力量无穷。

【译文】

人心只要精诚之至，便可感天动地，炎炎夏日可以为之降下寒霜，坚固的城墙可以为之毁坏，坚金硬石为之开裂。若是虚妄不实之人，其实是只空留一副形体，已经失去自然真性，与别人相对，容貌让人感觉厌恶；一个人独处，形体面对影子都会感觉羞愧。

【点评】

古人相信天人感应，相信心志真诚可以感天动地。《韩诗外传》中有个故事：楚国的射箭能手熊渠子走夜路，看见一块横卧的巨石，以为是虎，弯弓射去，没金饮羽。走近去看，才知道是块石头。他想验证一下自己的箭术，再次弯弓去射，箭折断了，石上却没留下任何痕迹。古人感慨地说：熊渠子起初以石为虎、弯弓去射时，只有一片诚心，没有丝毫杂念，所以金石都为之开裂，何况有血有肉有感情的人呢？虽然我们知道精诚至极能感动天地鬼神是虚妄之说，但是仍然相信真诚是人类共有的美好情感。唯有真诚，能让我们坦然地活在世间。

文章做到极处，无有他奇，只是恰好；人品做到极处，无有他异，只是本然。

【译文】

文章做到最高水平，没有别的奇特之处，只是表达得恰到好处；人品做到最高境界，没有别的异样特点，只是表现出本来面目。

【点评】

北宋大文豪苏轼追求"自然"的美学风格，其文章如行云流水般自由舒展而又变化迭出。在《文说》中，他以水为喻，形象描述了自己的创作体会："吾文如万斛泉源，不择地皆可出。在平地，滔滔汩汩，虽一日千里无难。及其与石山曲折，随物赋形而不可知也。所可知者，常行于所当行，常止于不可止，如是而已矣。"文章是情绪思想的自然流露，并非有意为之；篇章结构不受任何固定格式的拘限，只是为了让文思得以充分抒发。在"自然"观的指导下，有意而言，言尽辄止，才能写出"姿态横生"而又"文理自然"的好文章。做人如做文，只要本着"自然"

原则，不虚饰，不勉强，就能达到最高境界。

以幻迹言，无论功名富贵，即肢体亦属委形^①；以真境言^②，无论父母兄弟，即万物皆吾一体。人能看得破，认得真，才可以任天下之负担，亦可脱世间之缰锁。

【注释】

①委形：自然或人为所赋予的形体。《庄子·知北游》："舜曰：'吾身非吾有也，孰有之哉？'曰：'是天地之委形也。'"

②真境：超出一切色相意识界限的境界。

【译文】

从虚幻无常的形迹角度而言，别说功名富贵，即便四肢形体，也都属于虚幻之象；从超越色相意识的境界角度而言，别说父母兄弟，即便世间万物，也都与我同出一体。人们只有能够看破幻象，认识本真，才可以承担起天地间济世安民的重任，也才可以摆脱得人世间名缰利锁的束缚。

【点评】

世界是什么？人与世界是什么关系？我是谁？生命到底有何价值？所有宗教哲学都在试图解决这些基本问题。《金刚经》上说："一切有为法，如梦幻泡影，如露亦如电，应作如是观。"世间一切事物都是因缘所生、不能永恒常驻的幻象，别说功名富贵，就是人的四肢躯体，莫非如此，所以世人万不可执著其有，求功名富贵，求长生不老，都是毫无意义的。如此说来，人生一世，究竟还能有什么价值？道家认为，"天地与我并生，万物与我合一"，别说父母兄弟，所有客观事物都是同生同体，无分彼此，所有是非争论，都是因为人们被私心成见蒙蔽了本真。在洪应明生活的时代，儒、释、道三教合流，以济世救民为己任的儒家知识分子又从佛、道二家中汲取养分，形成富有时代特色的积极的人生信仰和行为理念。儒家赋予他们崇高的社会责任感，道家教导他们超越个体生命的局限，佛教的空幻观念则使其更能有意识地摆脱功名利禄的束缚，达到更高尚、更自由的人生境界。

爽口之味，皆烂肠腐骨之药，五分便无殃；快心之事，悉败身散德之媒，五分便无悔。

【译文】

清爽可口的美味，都是损伤胃肠、腐蚀骨骼的药物，吃五分饱就没有灾殃；称心快意的美事，都是使人丧失地位、德行的诱因，享受五分就不会后悔。

【点评】

中庸原则同样适用于日常饮食与情绪调节。中国传统观念讲究"七分饱"，每餐进食只吃七分饱，就能保证各种生理功能运转正常；《黄帝内经》说"喜伤心"，民间也有"小笑怡情，大笑伤身"的说法，提醒人们情绪方面也要注意平衡。所谓"知易行难"，面对美食诱惑，总是不知不觉就吃撑了；碰到快乐之事，总是难免兴奋过度了。所以面对爽口之味、快心之事，尤其要注意自我控制，以免后悔莫及。

不责人小过，不发人阴私，不念人旧恶。三者可以养德，亦可以远害。

【译文】

不要谴责别人的微小过错，不要揭发别人的隐私之事，不要想着别人过去的恶行。做到这三点，既可以修养德性，也可以远害全身。

【点评】

与人交往，难免看到别人的小错，知道别人的隐私，还可能有人做过一些对不住自己的事情。对于别人的这些"不好"，要牢记一个基本原则，就是宽容。如果总是斤斤计较别人的小错，津津乐道别人的隐私，念念不忘别人的旧恶，不仅会让自己变得狭隘鄙俗，而且可能招致祸端。舜在雷泽捕鱼时，看到年轻力壮的渔夫抢占鱼类众多的深潭，年老体弱者则被挤到急流浅滩。人们的自私自利让舜心生悲悯，但是他并不指责争抢者的过错，而是称赞那些肯于谦让的人，把他们作为榜样。在舜的带动下，情况悄然发生改观，人们争相把深潭厚泽让给别人。孔子认为舜能"隐恶而扬善"，在不知不觉间移风易俗，是真正具有大智慧的人。

天地有万古，此身不再得；人生只百年，此日最易过。幸生其间者，不可不知有生之乐，亦不可不怀虚生之忧。

天地可以万古长存，人的生命却不可再次获得；人生只有百年光景，眼前这一天最易匆匆而过。有幸生于天地之间的人，不能不知道拥有生命的快乐，却也不能不怀有虚度此生的忧虑。

【点评】

"天地有万古，此身不再得；人生只百年，此日最易过。"天地亘古长存，时间无始无终，在这个宏大坐标下，人清晰地照见了自己的形象和位置，具有了明确的个体生命意识。生于世间是一种幸运，能够拥有生命，本身就是值得快乐的；如果任由这幸运、唯一的生命虚度过去，则是最大的悲哀。知有生之乐，怀虚生之忧，人只有意识到这来自生命本身的快乐和忧愁，才能督促自己将生命价值尽量发挥到极致。

老来疾病，都是壮时招得；衰时罪业，都是盛时作得。故持盈履满①，君子尤兢兢焉。

【注释】

①持盈：保守成业。语本《老子》："持而盈之，不如其已。"履满：谓荣显至极。

【译文】

年老体弱时出现的各种疾病，都是年轻力壮时不注意保养而招来的苗头；气运衰微时出现的许多罪孽，都是兴盛得意时不懂得节制而埋下的祸根。所以在保持盛业、荣显至极的时候，君子尤其应该小心谨慎。

【点评】

年轻时精力充沛，年老时百病缠身，一般而言，这是生命发展的自然规律。但是，如果仗着年轻就透支身体，甚至去做一些有损健康的事，那就是人为制造健康隐患了。现代社会，"忙"是通病，许多年轻人或主动、或被动地忙着工作，积累财富的同时也在积累疾病，这岂不正是自己"招病"吗？身强力壮时不能肆意挥霍健康，风光得意时也不可胡作非为，人生之路才会走得健康平顺。

公平正论不可犯手^①，一犯手则遗羞万世；权门私窦不可着脚^②，一着脚则玷污终身。

【注释】

①正论：正确合理的言论。

②私窦（dòu）：私门，暗指走后门。

【译文】

公允持平、正确合理的行为准则，绝对不可伸手触犯，一旦触犯就会留下千秋万代的羞辱；权势之家、豪富之门，绝对不可轻易涉足，一旦涉足就会留下一生一世的污点。

【点评】

社会道德的产生与发展、社会道德批判力量的彰显，是人类对自身存在于其中的"社会关系"认识的结果。人在社会中生活，必须为自己的行为划定边界，有两道底线是绝对不可触碰的：一是普天下人都认为不对的事情，绝不能不顾舆论谴责而去干；二是权贵营私舞弊的地方，绝不能存着侥幸心理而去沾染。

曲意而使人喜^①，不若直节而使人忌；无善而致人誉，不如无恶而致人毁。

【注释】

①曲意：委曲己意而奉承别人。

【译文】

与其曲意奉承而使人欢喜，不如守正不阿而让人畏忌；与其没做善事却得到别人赞誉，不如没做恶事却被别人诋毁。

【点评】

愿意被人喜欢，不愿被人忌恨；愿意听到赞誉，不愿听到毁谤，这是人之常情。可是在这个问题上，古往今来，即使圣人也不能总是遂心如愿。国学大师季羡林晚年说过："好多年来，我曾有过一个'良好'的愿望：我对每个人都好，也希望每个人对我都好。只望有誉，不能有毁。最近我恍然大悟，那是根本不可能的。如果真有一个人，人人都说他好，这个人很可能是一个极端圆滑的人，圆滑到琉璃球又能长只脚的程度。"既然你不可能让每个人满意，那么不如坚持做你自己，有人不喜欢，且随他去；即使明知自己没做错事却遭人毁谤，只要问心无愧，也且随他去吧，因为有时候你根本管不了别人怎样想。在这方面，季羡林讲过一个颇不寻常的经验，值得我们借鉴："我根本不知道世界上有某一位学者，过去对于他的存在，我一点都不知道，然而他却同我结了怨。因为我现在所占有的位置，他认为本来是应该属于他的，是我这个'鸠'把他这个'鹊'的'巢'给占据了，因此勃然对我心怀不满。我被蒙在鼓里很久很久，最后才有人透了点风给我。我不知道天下竟有这种事，只能一笑置之。不这样又能怎样呢？我想向他道歉，挖空心思，也找不出丝毫理由。"

处父兄骨肉之变，宜从容，不宜激烈；遇朋友交游之失，宜剀切①，不宜优游②。

【注释】

①剀（kǎi）切：恳切规谏。

②优游：优容，宽待。

【译文】

面对父兄或骨肉至亲发生意料不到的变故，应当从容镇定，不宜态度激烈，感情用事；遇到朋友知交出现过失，应当恳切规谏，不宜过分宽容，怕伤和气。

【点评】

古人把人与人之间关系分为"五伦"，不同的人伦关系，遵循不同的相处之道。父子、兄弟关系以血缘为基础，理应最为亲密和睦，可是家庭生活琐碎，家庭成员难免矛盾纠纷，甚至反目成仇。万一不幸遭遇这种变故，应该冷静从容，耐心沟通，让矛盾在浓于水的亲情中逐渐消释。"同门为朋，同志为友"，朋友关系以人事或志趣为基础，是"五伦"中关系最松弛的一种。但是，真正的朋友不仅要患难相助，而且要互相砥砺。"士有争友，则身不离于令名"，人的一生中如能拥有愿意直言相劝的朋友，就能保持美好的名声；同样，如果看到朋友有了过失，也不能因为怕伤和气而听之任之，否则就是对朋友之义的背叛。

小处不渗漏，暗处不欺隐，末路不怠荒，才是真正英雄。

【译文】

在细小的地方不出现任何漏洞，在不为人注意的地方不欺骗隐瞒，在失意潦倒的境遇中不懈怠荒疏，才是真正的英雄。

【点评】

无论什么年代，"英雄"都是一个激动人心的字眼，可是什么样的人才够得上"英雄"呢？曹操对刘备说："夫英雄者，胸怀大志，腹有良谋，有包藏宇宙之机、吞吐天地之志者也。"他说符合这个标准的，"惟使君与操耳"。三国时人刘劭在其辨析、评论人物的专著《人物志·英雄篇》中说："聪明秀出谓之英，胆力过人谓之雄。"他说符合这个标准的，"高祖、项羽是也"。洪应明却说，真正的英雄不仅要肩扛正义、救民水火、挽狂澜于既倒、扶大厦于将倾，还要在小事上滴水不漏、无人处真诚无欺、穷途末路不坠青云之志。既能真诚地沿着圣道中行而进，又能建立惊天动地事功的王阳明，能否够得上这个标准呢？

惊奇喜异者，无远大之识；苦节独行者①，非恒久之操。

【注释】

①苦节：《易·节》："节，亨。苦节，不可贞。"孔颖达疏："节须得中。为节过苦，伤于刻薄。物所不堪，不可复正。故曰'苦节，不可贞'也。"意谓俭约过甚。后以坚守节操，矢志不渝为"苦节"。

【译文】

总是因奇特事物而惊讶、为异样事物而喜悦，不会有高远宏大的见识；只知道刻意坚守节操、特立独行，很难有恒久不变的节操。

【点评】

合乎自然常态才能长久不变，惊奇喜异、苦节独行，全都偏离正常范围，也难取得正常的结果。所以此处强调的仍是恪守中庸之道。值得说的是"苦节"。节卦是《周易》第六十卦，其卦象是兑（泽）下坎（水）上，为"泽上有水"之象，象征以堤防节制水流，使其既能畅行，又不会泛滥成灾，所以说"节，亨"。顺应这种规律，人类应该自觉调控自己的行为，国家有节度才能安稳，个人有节度才能完美。但是"节制"本身也有限度，节制过度就是"苦节"，也会发生凶险，走向穷途末路，所以《周易》又说

"苦节，不可贞"。《菜根谭》一书贯穿着"中"的思想，认同《周易》反对"苦节"的倾向，所以我们认为"苦节独行者，非恒久之操"比另一版本中"苦节独行者，要有恒久之操"的说法更符合原书思想。

当怒火欲水正腾沸时，明明知得，又明明犯着。知得是谁？犯着又是谁？此处能猛然转念，邪魔便为真君子矣。

【译文】

当愤怒的火焰、欲望的潮水正在翻腾沸涌之时，虽然确确实实知道这样不对，却又确确实实干着违反原则的事情。心知肚明的是谁？明知故犯的又是谁呢？如果能在这个地方猛然转变念头，扑灭怒火、冷却欲水，惑乱人心的邪魔就会变成真正的君子了。

【点评】

人心中有一个纯洁的真我，还有一个随时入侵的邪魔。当我们怒火中烧，或是欲水泛滥之时，那个"真我"明知不对，却被邪魔驱使着明知故犯。此时必须冷静下来，镇住邪魔，听从灵魂的指令，保持虚灵不昧的状态，从而运用自身的力量完善自我。

毋偏信而为奸所欺，毋自任而为气所使，毋以己之长而形人之短，毋因己之拙而忌人之能。

【译文】

不要因为偏听偏信而被奸人欺骗，不要因为刚愎自用而被意气驱使，不要用自己的长处去比较别人的短处，不要因为自己笨拙而忌妒别人的才能。

【点评】

人性中有许多缺点，比如偏听偏信、师心自任、骄傲自满、嫉贤妒能，这些缺点不加克制，就会带来麻烦。《资治通鉴》唐太宗曾问魏徵："人主何以为明，何以为暗？"魏徵说："兼听则明，偏听则暗。"他还列举了历史上的一些事例：帝尧能向民众了解情况，所以三苗作恶之事就能及时掌握；帝舜耳听四面，眼观八方，所以共工、鲧、骧兜等人都不能蒙蔽他；秦二世偏信赵高，结果被赵高杀死在望夷宫；梁武帝偏信朱异，结果被软禁在台城活活饿死；隋炀帝偏信虞世基，结果死于扬州的彭城阁兵变。所以人君广泛听取意见，贵族大臣就不敢蒙蔽他，下情也能得以上达。唐太宗茅塞顿开，遂有"贞观之治"。

人之短处，要曲为弥缝①，如暴而扬之，是以短攻短；人有顽的，要善为化诲，如忿而嫉之，是以顽济顽。

【注释】

①曲：曲折，宛转。弥缝：设法遮掩以免暴露。

【译文】

发现别人的短处，要委婉地加以补救，如果到处披露宣扬，那就是用自己的短处去疗治别人的短处了；发现别人的愚顽，要善于感化教诲，如果怒气冲冲、憎恶痛恨，那就是用自己的愚顽去救助别人的愚顽了。

【点评】

不能正确对待别人的短处，往往也就成了自己的短处。孔子和学生子贡闲聊，子贡问："有教养的君子也会厌恶别人吗？"孔子说："当然会啊。"子贡又问："君子厌恶什么样的人呢？"孔子说："厌恶宣扬别人坏处的人，厌恶身居下位而诽谤在上者的人，厌恶蛮勇无礼的人，厌恶固执己见、不明事理的对象。"孔子说完，反问子贡说："赐啊，你也有厌恶的人吗？"子贡说："我厌恶把别人的成绩窃为己有的人，厌恶把桀骜不驯当做勇敢的人，厌恶专门攻击别人短处却自以为直率的人。"孔子"恶称人之恶者"，子贡"恶讦以为直者"，由此可见，揪住别人短处不放的人，是师徒二人共同厌恶的对象。

遇沉沉不语之士，且莫输心①；见悻悻自好之人②，应须防口。

【注释】

①输心：表示真心。

②悻悻：刚愎傲慢的样子。自好：自以为美好。

【译文】

遇到阴沉不语、面无表情的人，暂且不要向他坦露真心；见到刚愎傲慢、自以为是的人，必须注意言辞谨慎。

【点评】

与人交往要真诚，却不可愚蠢，"害人之心不可有，防人之心不可无"，要懂得自我保护。如果对方过于深沉，一语不发，其心难测，我们就不要急着与他坦诚相交，推心置腹；如果对方高傲自大，自以为是，我们就要注意言辞谨慎，不要被他抓住话柄，自取其辱。

念头昏散处，要知提醒；念头吃紧时，要知放下。不然恐去昏昏之病，又来憧憧之扰矣①。

【注释】

①憧憧（chōng）：心神不定的样子。

【译文】

念头昏聩散乱的时候，要知道如何保持清醒振作；念头沉重迫切的时候，要知道如何适时放下负担。如果不能这样，恐怕去除了愚昧糊涂的毛病，又惹来心神不定的困扰。

【点评】

《孔子家语》中说："张而不弛，文武弗能；弛而不张，文武弗为；一张一弛，文武之道也。"孔子以张弓射箭为喻，阐述了文王、武王的治国原则：把弓弦绷紧而不松弛，文王、武王不会这样做；把弓弦放松而不绷紧，文王、武王也不会这样做；弓弦有放松有绷紧，这才是文王、武王的治国之道。这个道理同样适用于人们的学习和生活：只弛不张，就会过于松懈，很难有所收获；只张不弛，就会过于疲劳，效率反而低下。这个道理虽然简单，实施起来却不那么容易，因为张弛的节奏需要自己把握，关键是清醒、恰当地控制好节点。

胜私制欲之功，有曰识不早、力不易者，有曰识得破、忍不过者。盖识是一颗照魔的明珠，力是一把斩魔的慧剑①，两不可少也。

【注释】

①慧剑：佛教语。谓能斩断一切烦恼的智慧。语本《维摩经·菩萨行品》："以智慧剑，破烦恼贼。"

【译文】

战胜私心、克制欲念的功夫，有的人是因为认识不早或定力不够而无法获得，有的人是因为虽然能够识破危害却无法忍受诱惑而无法获得。所以，智慧是一颗照见邪魔的明珠，定力是一把斩杀邪魔的利剑，两者缺一不可。

【点评】

滚滚红尘中，纷至沓来的东西实在太多，名、利、权、色，自己究竟想要什么，很多人总难分得清、辨得明、选得对。释迦牟尼放弃王族奢华舒适的生活，在菩提树下悟道成佛；东汉名臣杨震拒不接受非义馈赠，说出"天知、神知、我知、子知"的千古名句；东晋高士陶渊明不为五斗米折腰、义无反顾地踏上归隐之路……与其说他们人格高尚，不如说他们知道什么有价值，什么才是自己真正想要的，这就是识见和定力，也就是洪应明所说的"照魔明珠"和"斩魔慧剑"。缺乏识见和定力，就会在欲海中随波逐流；有了识见和定力，才不会在大是大非面前迷茫犹豫，也不会轻易被世俗观点左右。这份识见和定力来自正确的价值观，也来自意志和智慧。

横逆困穷，是煅炼豪杰的一副炉锤。能受其煅炼者，则身心交益；不受其煅炼者，则身心交损。

【译文】

意外之灾、艰难窘迫，是煅炼豪杰的一副熔炉。能够经受这种煅炼，那么身体和精神都会从中受益；不能经受这种煅炼，那么身体和精神都会遭受损伤。

【点评】

"宝剑锋从磨砺出，梅花香自苦寒来"，辉煌绚丽之前总少不了一段艰辛黯淡，这已是古人教人励志的老生常谈。孟子甚至说："天将降大任于是人也，必先苦其心志，劳其筋骨，饿其体肤，空乏其身，行拂乱其所为，所以动心忍性，曾益其所不能。"在他看来，伟大人物都是上天选定、将要使其承担重要使命的人，为了使其有能力承担命中注定的责任，上天特意为其设置种种障碍，使其经历种种挫折磨难，在困厄中成长锻炼。当然，这些注定承担大任的人，也是必定能够经受住考验的。凡夫俗子却未必如此，横逆困穷是副炉锤，经得起锻炼的，身心的承受力都会产生质的飞跃；受不住这种锻炼，对身心来说则是一种摧残和损害。《西游记》中孙悟空被太上老君推入八卦炉，以文武之火烧炼七七四十九日，不仅没有化为灰烬，反倒炼出一副"火眼金睛"，这正是"能受其煅炼"的真豪杰呀。

害人之心不可有，防人之心不可无，此戒疏于虑者；宁受人之欺，毋逆人之诈，此警伤于察者。二语并存，精明浑厚矣。

【译文】

陷害别人的心思不可以有，防范别人的心思却不能没有，这是告诫那些思虑粗疏的人；宁可受到别人欺诈，也不要揣度别人的诈心，这是告诫那些伤于苛察的人。能够做到这两点，就能既精细明察，又淳朴敦厚了。

【点评】

"害人之心不可有，防人之心不可无"，这大约是《菜根谭》中流传最广的一句话。当然，人们品味此语，却很少知其出处，更很少知道作者此语原非送给所有人的忠告，而是专门开给"疏于虑者"的药方。至于那些过分精明、"伤于察者"，则另有一副"宁受人之欺，毋逆人之诈"的对症之方。这个世界既不太好，光明一片，却也并不太坏，乌黑一团。有的人毫无心机，天真过头儿，就有可能掉进陷阱，被人卖了还在帮人数钱，虽然正义却没有效率，这样的人不妨把社会想得稍"坏"一点儿。可是如果防范过度，人与人之间就会失去最基本的信任，整个社会不仅会变得没有效率，而且会失去正义，比如见到老人跌倒扶还是不扶，现在居然成了一个需要严肃讨论甚至技术处理的问题，不能不说是人们为"精明"而付出的代价吧。这样的世界，真是我们愿意生存的吗？

毋因群疑而阻独见，毋任己意而废人言，毋私小惠而伤大体^①，毋借公论以快私情。

【注释】

①大体：重要的义理，有关大局的道理。

【译文】

不要因为众人怀有疑虑而不敢发表自己独特的见解，不要因为坚持自己的意见而否定别人的言论，不要因为贪图自己的一点私利而损害整体利益，不要借助公众舆论来让自己内心痛快。

【点评】

老翁和孩子牵着一头驴子，驮着东西到集市去卖，东西卖完了，老翁让孩子骑在驴背上，自己牵着驴往回走。路人议论说："这孩子真不懂事，年纪轻轻却骑着驴，让老人在地上走！"孩子赶紧从驴背上下来，让老翁骑到驴背上。又有路人议论说："这老头儿真不通情理，自己骑驴，却忍心让孩子在地上走！"老翁急忙把孩子也抱到驴背上。不料又有人议论说："两人坐在驴背上，驴子压坏了可怎么办？"一老一小只好全都跳下驴背，却被路人笑话说："这两个人真是呆子，放着现成的驴不骑，却在地上受累！"老翁左右为难，只好对孩子说："看来咱们只好抬着驴走了……"这个荒唐可笑的故事，放大了一个简单却并不易行的道理：

做人必须要有主见，否则你的生命只能任由别人摆布。"主见"有时可能会是"独见"，受到众人的怀疑和议论，此时能够方寸不乱、敢于坚持，就更不容易了。不过，我们赞赏坚持"独见"，前提是这个"独见"必须正确；如果坚持错误的"独见"而听不进别人忠告，那就是"任己意而废人言"了。必须有"知人之智，自知之明"，能对自己和他人的意见做出正确评价，才能恰到好处地持己见、听人言。

善人未能急亲，不宜预扬，恐来谗谮之奸[①]；恶人未能轻去，不宜先发，恐招媒孽之祸[②]。

【注释】

①谗谮（zèn）：恶言中伤。

②媒孽：酒母。比喻借端诬罔构陷，酿成其罪。

【译文】

良善的人如果不能很快亲近，不应该预先张扬出去，因为恐怕因此遭到奸邪之人恶言中伤；邪恶的人如果不能轻易除去，不应该事先表现出来，因为恐怕因此招来别人借端诬陷的祸事。

【点评】

在战争中，先采取行动的一方往往处于主动地位，可以制服对方，后动手则易被对方制服，故而"先发制人"被列为"三十六计"之一，历史上也留下许多经典战例。处理人事关系却不可一味抢"先"。碰到好人，不能立即与之亲近，先不要大肆宣扬，为的是防止遭受奸邪小人的诽谤和中伤；摆脱恶人，不能在准备尚不充分时轻易动手，以免遭到报复和陷害。明代中后期，昏君和宦官造就了中国历史上黑暗如夜的政治环境，官场中的殊死斗争无时无刻不在进行。在这种黑白不分的险恶环境中生存，不论是与善人结交，还是与恶人周旋，都成了危险重重的事，人们也只好靠着稳之又稳、慎之又慎的行为策略来保命全身了。

父慈子孝，兄友弟恭，纵做到极处，俱是合当如是，着不得一毫感激的念头。如施者任德，受者怀恩，便是路人，便成市道矣①。

【注释】

①市道：商贾逐利之道，市场买卖。

【译文】

父母对子女慈爱，子女对父母孝顺，兄长对弟妹友爱，弟妹对兄长恭敬，即便做到极致，也都是理所应当，不应该存有一丝一毫让人感激的念头。如果施予的一方觉得自己对别人有德，接受的一方总是怀有感恩之情，骨肉至亲就变成萍水相逢的路人，亲情交流就变成市场交易了。

【点评】

古人认为，骨肉至亲之间的感情出于天性，与生俱来，其间不容许掺杂丝毫做作和算计的成分。如果父子兄弟之间存有施德或感恩之心，就把自然表达的亲情变成了投资和回报，就蜕变成一种建立在利益基础上的商业行为了。我们现在视为理所当然的"感恩父母"，是把父子之情视为

"天伦"的古人难以接受的。

炎凉之态，富贵更甚于贫贱；妒忌之心，骨肉尤狠于外人。此处若不当以冷肠，御以平气，鲜不日坐烦恼障中矣[①]。

【注释】

①鲜（xiǎn）：少，尽。烦恼障：佛教语。谓坚持我执，丛生贪嗔，而为解脱之阻碍者。

【译文】

炎凉世态，富贵之家比贫寒人家更为明显；妒忌心理，至亲骨肉比没有亲友关系的人更为强烈。在这种情况下，如果不能让自己心肠冷漠一些，不能让自己心气平和一些，那就每天都要深陷烦恼之中、无法解脱了。

【点评】

人与人之间，有钱有势就巴结奉承，无钱无势就冷淡远离，这似乎是世俗社会的本质，是人性中难以逾越的鸿沟。既然这是世之常态，那么每个人都不免遇到，只是从富贵降至贫贱的人，感受尤其明显。《史记·汲郑列传》是汲黯和郑当时的合传，二人都位列九卿，为官清廉，交游广泛，乐于助人，有权势时宾客盈门，罢官家居时宾客寥寥无几。司马迁对此颇为感慨，在"太史公曰"中讲了下邽翟公的故事：翟公起初做廷尉，家中宾客盈门；待到丢官，门外冷清得可以张罗捕雀。后来他官复原职，宾客又想去投奔他，翟公就在大门上写道："一死一生，乃知交情。

一贫一富，乃知交态。一贵一贱，交情乃见。"在一贵一贱中透视炎凉世态，这就是典型的"更甚"了。

至于骨肉之间"尤狠"的妒忌之心，《红楼梦》中也有一个典型事例：同为贾政之子，王夫人生的宝玉被合府之人视若凤凰，赵姨娘生的贾环却被众人踩在脚下。贾环忌恨宝玉处处都比他强，总是伺机陷害，先是故意拨翻烛台烫伤宝玉，金钏跳井事件后，又在贾政面前诬陷宝玉"淫辱母婢"，致使宝玉遭到贾政毒打。作者以"手足耽耽小动唇舌，不肖种种大承笞挞"作为回目，骨肉之间的狠毒，真让人不寒而栗。

生而为人，既跳不出社会，又离不开家庭，不幸而遇炎凉之态、妒忌之心，洪应明说，所能做的，也只有将其看成自然、降低期望，以此自寻解脱了。

功过不宜少混，混则人怀惰隳之心①；恩仇不可太明，明则人起携贰之志②。

【注释】

①惰隳（huī）：即"隳惰"，懈怠。

②携贰：离心，有二心。

【译文】

对于别人的功劳和过失不应有一点儿含混，功过稍微含混，就会让人受到打击，产生懈怠心理；对于别人的恩德和仇怨不能表现得太过分明，恩怨过于分明，就会让人受到排斥，生出背叛之志。

【点评】

作为领导和管理者，要奖惩分明，对下属的功劳和过失不应混淆，否则会让有功者受到打击，让有过者心存侥幸；别人对自己的恩情或仇怨，不要表现得过于分明，否则那些跟你有过节的人，可能会心存疑忌，产生背叛之心。齐桓公不计前嫌，宽宥管仲对他的一箭之仇，才得到这位辅佐他成为霸主的大贤才。

德者才之主，才者德之奴。有才无德，如家无主而奴用事矣，几何不魍魉猖狂①。

【注释】

①魍魉（wǎngliǎng）：古代传说中的山川精怪。

【译文】

品行是才能的主人，才能是品行的奴仆。如果有才无德，就如同一个家庭之中没有主人而让奴仆管事，妖魔鬼怪怎能不胡作非为、嚣张猖狂呢？

【点评】

春秋后期，晋国大权旁落到智氏、赵氏、魏氏、韩氏四家手中，尤以智氏权力最大。智宣子想立儿子智瑶为继承人，族人智果反对说："智瑶有五个优点，一是须髯飘逸，身材高大；二是擅长弓箭，力能驾车；三是技能出众，才艺超群；四是能言善辩，文辞流畅；五是坚强果断，恒毅勇敢。他的这五个优点无人能比，唯独没有仁德之心。如果立他为继承人，智氏必有灭门之祸。"智宣子坚持立智瑶为继承人。智瑶主政后，傲慢无礼，为所欲为。他先向魏、韩两家提出割让土地的无理要求，得到满足后又向赵家索要，遭到赵襄子的拒绝。智瑶于是联合魏、韩两家进攻赵家，赵襄子派人私下求见魏、韩两家，晓以唇亡齿寒之理。最后三家联合，大败智氏，杀死智瑶，尽灭智氏之族。北宋史学家司马光在《资治通鉴》中说："智伯之亡也，才胜德也。"他认为："聪察强毅之谓才，正直中和之谓德。才者，德之资也；德者，才之帅也。"天下之人，资性不一：德才兼备是圣人，无德无才是愚人，德胜于才是君子，才胜于德是小人。选才之时，如果选不出圣人、君子，与其任用小人，不如任用愚人。因为"君子挟才以为善，小人挟才以为恶。挟才以为善者，善无不至矣；挟才以为恶者，恶亦无不至矣"。至于愚人，虽然想干坏事，却因为缺少智慧和力气，就像小狗扑人，人还能将其制服；换作小人，既有足够的智慧来发挥邪恶，又有足够的力量来逞凶施暴，就像恶虎添翼，危害可就大得多了。最后，这位史学家总结说："自古昔以来，国之乱臣，家之败子，才有余而德不足，以至于颠覆者多矣，岂特智伯哉！"

锄奸杜幸①，要放他一条去路。若使之一无所容，便如塞鼠穴者，一切去路都塞尽，则一切好物都咬破矣。

【注释】

①幸：求恩幸，以侥幸而进升。

【译文】

铲除奸诈之人，杜绝幸进之路，要给他们留一条逃生之路。倘若让他们无处容身，就像堵塞鼠洞的人把所有路径全都堵死，走投无路的老鼠就会把所有好东西全都咬坏了。

【点评】

《孙子兵法·军争篇》说："围师必阙，穷寇勿迫，此用兵之法也。"所谓狗急跳墙，兔急咬人，当一个人被逼迫得无路可走时，往往会被激发出自身的野性，爆发出难以估量的潜力，势必给压迫者造成更大的伤害。所以在战争中，围城之时一定要留一面出口，对仓皇逃窜的敌人不能追得太急，否则绝望的敌人转而拼个鱼死网破，围追的一方可能会付出惨重代价。官场斗争也是同样道理，对于奸邪佞幸之徒，正义之士自然希望彻底根除，但是往往事与愿违。明代正德年间朝臣企图诛除以刘瑾为首的宦官集团而遭遇惨败，就是典型事例。

明武宗即位前，东宫的随侍太监中，有八个太监最受宠信，号称"八虎"。武宗即位后，"八虎"投其所好，引导他沉溺于玩乐之中，荒废国政，疏远朝臣，正人不亲，直言不闻，政事弊坏，民生困苦。一些刚直清廉之臣伏阙上疏，力斥"八虎"，宦官内部企图铲除"八虎"的王岳等人也推波助澜。武宗迫于压力，想与群臣妥协，提出将"八虎"调到南京，朝臣却不答应，坚持必须杀掉他们。得到密报的刘瑾等人连夜哭求皇帝，反诬王岳勾结阁臣，意欲限制皇帝的行动。武帝大怒，即刻命令逮捕王岳，发落南京，任命刘瑾掌司礼监，第二天又惩治了首先进谏的大臣。内阁大学士以集体辞职相威胁，结果除李东阳被诏令留任之外，其他内阁成员谢迁、刘健等人都被批准退休。群臣失去领袖，只好偃旗息鼓。"八虎"战胜群臣后，气焰更加嚣张，一方面公开卖官鬻爵，招权纳贿，在文官队伍中培植自己的势力，另一方面则把与之做对的朝臣清洗殆尽，用超常的特务统治将明帝国带入空前黑暗恐怖的时期。朝臣不懂斗争策略，将对手逼至穷途末路，激起反扑，终于招致惨败，对于这段历史，洪应明大约是非常熟悉的，也许"一切去路都塞尽，则一切好物都咬破"，正是有感而发吧。

士君子贫不能济物者，遇人痴迷处，出一言提醒之；遇人急难处，出一言解救之，亦是无量功德矣。

【译文】

读书人虽然贫穷，没有能力救济别人，但是遇到别人沉迷不悟，能用一句明白话去提醒他；遇到别人陷于危难，能用一句公道话去解救他，这也都算是不可估量的大功德。

【点评】

所谓"百无一用是书生"，穷书生恐怕更是如此吧？自顾尚且不暇，何谈济物救人？洪应明却不这样看。帮助他人的方法多种多样，士君子虽然没有能力在物质金钱方面帮助别人，却可以用智慧之言为人指点迷津，用仗义之言替人解急救难。总之，只要怀有仁爱之心，能为人提供力所能及的帮助，就是无限的大功德了。

处己者触事皆成药石，尤人者动念即是戈矛，一以辟众善之路，一以浚诸恶之源，相去天壤矣。

【译文】

善于自我反省的人，所遇到的每一件事情，都能成为纠正自身缺点的药物针石；习惯埋怨别人的人，所转动的每一个念头，都会成为损害自身修养的利刃长矛。因为前者等于开辟了通向万般善行的道路，后者等于疏浚了诸种恶事的源泉，二者一个天上一个地下，相差太远了。

【点评】

善恶之源，皆在自身。遇事不断自我反省的人，总能及时发现问题，改正过失；怨天尤人的人，总把不如意的事情归咎为外界因素，对他人、他事大加指责，其结果是把人际关系越弄越坏，把事情越弄越糟。所谓性格决定命运，怨天尤人，只会让命运更加黯淡。

事业文章随身销毁，而精神万古如新；功名富贵逐世转移，而气节千载一时。君子信不以彼易此也。

【译文】

事业文章都会随着肉体死亡而消失毁灭，但是人的精神却可以万古如新；功名富贵都会随着时代变迁而发生转移，但是人的气节却能千年不朽。有道德、有学问的君子是绝对不会用一时的事业文章、功名富贵去交换永恒的精神气节的。

【点评】

在转瞬即逝的时间之流中，人总想抓住一些永恒的东西。美国现代哲学家詹姆士在《人之不朽》一文中曾这样讲："不朽是人的伟大的精神需要之一。"早在春秋时期，鲁国大夫叔孙豹就提出"三不朽"之说，认为"太上有立德，其次有立功，其次有立言，虽久不废"。一般认为，"立德"指道德操守，"立功"指事业功绩，"立言"指的是把真知灼见形诸语言文字，著书立说，传于后世。在这一价值体系中，德、功、言成为超越个体生命局限、超越物质欲求而获得不朽之名与精神满足的独特形式。"三不朽"中，不同时期或不同的人也会有所侧重，洪应明显然最重视"立德"，在他看来，前人推崇的"立功"和"立言"甚至都不值得作为终极追求了。客观地说，"三不朽"的实现，需要一定的身份和地位作为支撑，对于身处社会底层的贫寒士子，"立功"需要跻身垄断性和风险性极强的官场，"立言"需要主客观具备较高的素质条件，无不显得过于高远，"立德"相对来说可以通过自身努力得以实现，自然成为明代高度集权政治下节义之士努力达到"不朽"的最可行方案。

鱼网之设，鸿则罹其中[1]；螳螂之贪，雀又乘其后[2]。机里藏机，变外生变，智巧何足恃哉。

【注释】

①"鱼网"二句：《诗经·邶风·新台》中说"鱼网之

设，鸿则离之"，张网捕鱼，捉到的是鸿雁，故以"鱼网鸿离"比喻得非所愿。此处则取鸿雁因为贪吃而误入鱼网之意。

②"螳螂"二句：语本《庄子·山木》："庄周游乎雕陵之樊，睹一异鹊……褰裳躩步，执弹而留之。睹一蝉，方得美荫而忘其身，螳螂执翳而抟之，见得而忘其形；异鹊从而利之，见利而忘其真。"后以"螳螂捕蝉，黄雀在后"比喻目光短浅，只见眼前利益而不顾后患。

【译文】

渔人设下渔网，原本高飞的大雁落到水边捕鱼吃，却落到了渔网之中；螳螂贪吃眼前的蝉，却不知道黄雀躲在背后，准备乘机吃掉它。机关里面暗藏机关，变故之外又生变故，智术巧诈哪里靠得住呢？

【点评】

渔网本为捕鱼而设，可是鸿雁却落入网中，它是因为贪吃游鱼而自投罗网；螳螂贪吃眼前的鸣蝉，却不知道背后已有黄雀正伺机偷袭。世间危机四伏，变幻莫测，精于刀者死于刀，精于泳者死于水，精于用计者最终死于别人的计谋。有没有以不变应万变的办法呢？有，那就是戒止贪欲，不能只见眼前利益而不顾后患。

作人无一点真恳的念头，便成个花子①，事事皆虚；涉世无一段圆活的机趣，便是个木人，处处有碍。

【注释】

①花子：京花子，京城的地痞流氓。花，迷惑人。

【译文】

做人如果没有一点真诚恳切的念头，就成了以骗人为业的京花子，所做的每一件事都透着虚伪；处世如果没有一些灵活变通的趣味，就成了笨头笨脑的木头人，无论走到哪一处地方都会碰到障碍。

【点评】

待人接物都要有一份真心实意，但是并不意味着思想僵化、固守教条，而应懂得通达权变，这样才能把事情做好。流行于明代中后期的心学强调既不动心又随机应变，既不能做为达目的而不择手段的阴谋家，也不能做一味善良却百无一用的老好人。

事有急之不白者①，宽之或自明②，毋躁急以速其忿；人有切之不从者，纵之或自化，毋操切以益其顽。

【注释】

①急：迫使，逼迫。白：表明，辩白。

②自明：自我表白。

【译文】

有的事情，如果逼着当事人赶紧说清楚，他却不说，宽容他一段时间，他可能自己就主动说清楚了，所以不要心急气躁，以免招来他的愤怒怨恨；有人犯了错误，如果急着要求他改正错误，他却拒不听从，对他放松要求，他可能自己就想明白了，所以不要苛刻严厉，以免使他由于抗拒心理而变得更加顽固。

【点评】

所谓"事缓则圆，急难成效"，处事如此，待人亦是如此。即使对方有了过错，也不宜过于严厉地让他说明真相，不宜过于急切地让他改正错误，否则容易使其产生逆反心理和消极抵抗情绪，结果适得其反。这个道理同样适用于家庭教育。如果孩子不想学，父母却不顾孩子的本愿，违背其身心发展规律，采取强制态度，孩子就容易产生厌恶、抵触学习的情绪，不仅在父母希望的领域一无所成，甚至会影响其身心发展，那就得不偿失了。

谢事当谢于正盛之时①，居身宜居于独后之地，谨德须谨于至微之事，施恩务施于不报之人。

【注释】

①谢事：辞职，免除俗事。

【译文】

辞去俗事，应当辞在事业鼎盛之时；立身处世，应该处在所有人的后面；谨慎修德，必须谨于最细微的事情；布施恩德，务必施于无力报恩之人。

【点评】

急流勇退谓之知机，等到走下坡路时才想要抽身退步，只能成为别人的笑柄，因为这种退隐并非出于真心。生活当中的位置，最好是在不与人争先的地方，这样才能真正地修身养性。加强品德修养，不能只注重大的方面，只有在最细微的事情上严格要求自己，这样才是增益德行的真功夫。恩惠应该施予那些根本无力回报的人，这样的施恩，才是出于真正的仁善之举。《菜根谭》的作者在谢事、居身、谨德、施恩等问题上反复如此告诫，认为唯其如此，才是极致，才是真心。

道是一件公众的物事，当随人而接引①；学是一个寻常的家饭，当随事而警惕。

【注释】

①接引：佛教语。谓佛与观世音、大势至两菩萨引导众生入西方净土。

【译文】

道义是一件属于公众的事物，人人都可追求，所以应当随着各人的性情特点来加以引导；学问是一道普通的家常饭菜，对口味的要求因人而异，所以应该随着事情的变化而保持警惕。

【点评】

这里讲的是善教与善学。佛经中说人人皆可成佛，儒家认为人人皆可教化，但是度人之法因人而异，传道授业也最讲究因材施教。《论语·为政》中，几个人分别向孔子请教什么是孝，孔子的回答各不相同：对于位高权重的鲁国大夫孟懿子，孔子答以"勿违"，以此委婉提醒他在父母活着时按礼侍奉，死后按礼安葬，不做僭越非礼之举；对于生活优裕、根本无需操心细务的贵族子弟孟武伯，孔子答以"父母唯其疾之忧"，告诫他不要做让父母担忧的坏事，只让父母在他生病时担忧；弟子子游问孝，孔子大发感慨："现在人们认为孝就是能赡养父母，可是即便犬马都能得到饲养，如果赡养父母却不敬重他们，和养狗养马有什么区别？"他要求这个年纪轻轻的弟子要尊敬父母；弟子子夏问孝，孔子说："要对父母和颜悦色，这很难做到啊。有事情，年轻人都会替父母做；有酒肉，让老人随便吃，难道这样就是孝吗？"对于普通人来说，不让父母为任何事情操劳，在饮食方面对父母照顾有加，已经够孝顺了，但是孔子对这位德行很高的弟子提出了更高的要求，要他把对父母和颜悦色作为孝的标准。这就是孔子对"随人而接引"的完美呈现了。至于学习"当随事而警惕"，近似于"处处留心皆学问"，只要学者有心，在生活中的任何事物上都有可能受到启发。

念头宽厚的，如春风煦育①，万物遭之而生；念头忌克的，如朔雪阴凝，万物遭之而死。

【注释】

①煦（xù）育：抚育，养育。

【译文】

心地宽和仁厚的人，如同春风温暖和煦，接触到它的万物都充满勃勃生机；心思妒忌刻薄的人，如同冬雪阴冷寒凝，接触到它的万物都枯萎而死。

【点评】

人之性情，天差地别。宅心仁厚的人处处与人为善，让与之接触的人如沐春风；忌恨刻薄的人总是损人利己，甚至干出损人不利己的事情，让人不寒而栗，避之唯恐不及。《菜根谭》分别把这两种人比作化育万物的春风和虐杀万物的朔雪，虽然只是夸张而又形象的文学手法，却也不无这样的极端事例。《世说新语》中说，西晋大富豪石崇经常在金谷别墅大宴宾客，让美丽的婢女给客人敬酒，如果客人不喝，石崇就让武士将美女斩首。王导和堂兄王敦到石崇家赴宴，王导向来不善饮酒，但是知道石崇家的可怕规矩，只好一杯接一杯地喝，以致酩酊大醉。劝到王敦，他却全然不管，眼见三位美女接连被斩，他仍面不改色，坚持不喝。王导责备他太过狠心，王敦却振振有词地说："他杀自家人，关你什么事？"王导后来出任丞相，心怀恻隐仁爱，故能忍让、协调各方面的矛盾，为稳定东晋政局做出重要贡献。王导去世后，著名文学家孙绰在碑文中称赞他"柔畅协乎春风，温而侔于冬日"。王敦后来出任大将军，手握重兵，却谋求篡位，发动政变，大批忠良之士在动乱中丧命。王导谈起这位堂兄，说他"心怀刚忍"，不仅倾覆社稷，枉杀忠臣，自己也是注定没有好下场的。

勤者敏于德义，而世人借勤以济其贪；俭者淡于货利，而世人假俭以饰其吝。君子持身之符，反为小人营私之具矣，惜哉！

【译文】

勤奋的人辛辛苦苦增益自己的道德信义，世俗之人却假借勤奋之名来满足自己的贪欲；节俭的人对货物财利都很淡泊，世俗之人却假借节俭之名掩饰自己的吝啬。君子修身立德的法则，反倒成了小人营求私利的工具，可惜啊！

【点评】

勤劳俭朴无疑是种美德，但却不能只看形式，不问目的和动机。真正勤劳的人在操劳忙碌中增进道德品行，可是有人每天忙得四脚朝天，却只为满足自己无尽的贪欲；真正俭朴的人对钱财十分淡泊，可是有人分明吝啬入骨，锱铢必较，却偏偏打着俭朴的幌子。"营私"本来已是卑劣之举，还要借用君子修身立德的勤俭原则作为自我掩饰的工具，这就成了骗子，比直接表露出来的贪婪和吝啬更可恶。骗子总能在主流道德文化规范中找到装扮自己的要素，更让人感慨叹息而又无可奈何。我们唯有努力练就一双能够识破骗术的慧眼吧。

　　人之过误宜恕，而在己则不可恕；己之困辱宜忍，而在人则不可忍。

【译文】

对于别人的过错和失误应该宽恕，对于自己的过错和失误则不可以宽恕；对于自己遭受的困窘和侮辱应该尽量忍受，对于别人遭受的困窘和侮辱却不可以忍心袖手旁观。

【点评】

"严于律己，宽以待人"是中国人历来推崇的处事原则，《菜根谭》把这一原则具体化，明确如何对待他人及自己的"过误"与"困辱"。"见人之过易，见己之过难"，自己是如此，别人也是如此；含垢忍辱，人之所难，自己如此，别人也是如此。改过需从自己开始，困辱切务加诸他人。

恩宜自淡而浓，先浓后淡者，人忘其惠；威宜自严而宽，先宽后严者，人怨其酷。

【译文】

施恩于人，应该先淡薄而后浓烈，如果先浓烈而后淡薄，别人容易忘记他的恩惠；立威于人，应该先严厉而后宽仁，如果先宽仁而后严厉，别人容易怨恨他的冷酷。

【点评】

人欲无穷，故而施恩应用"递增法"，如果先浓后淡，受恩之人容易忘记以前所受的恩惠，感觉越来越受冷落，因而滋生不满情绪；人性散漫，故而立威宜用"递减法"，如果先宽后严，习惯了宽松环境的人会感到难以适应，从而怨恨管理者残酷无情。

士君子处权门要路^①，操履要严明，心气要和易。毋少随而近腥膻之党，亦毋过激而犯蜂虿之毒^②。

【注释】

①要路：显要的地位。

②蜂虿（chài）：蜂和虿，都是有毒刺的螫虫。比喻恶
　　人或敌人。

【译文】

士人君子如果处于有权势的显赫地位，操守要严格明确，心气要随和平易。不能有任何的依从附和，以至于接近奸邪之人而同流合污；也不能有过于激烈的言行，以至于触犯恶毒之人而遭其陷害。

【点评】

古代知识分子想要实现济世安民的理想，除了出仕做官，几乎别无选择。在险恶的宦海中，如何才能做到既不同流合污，又能自我保全，也就成了每个正直士人的必修课。洪应明认为要遵循两条原则：一是对自己严格要求，绝不能放弃操守，绝不能接近奸人；二是对他人平易随和，绝不能严厉偏执，绝不能过于激烈地触犯那些阴险之人而遭其陷害。这是一条与时俯仰、明哲保身的为官之道。其实庄子对此早就有过具体、形象的描述，《庄子·人间世》中有个寓言：

鲁国贤人颜阖将被请去做卫国太子的师傅，他向卫国贤大夫蘧伯玉求教："有一个人，他的德行天生凶残嗜杀。跟他朝夕与共，如果没有原则，势必危害国家；如果坚持原则，就会危害自身。他的智慧足以了解别人的过错，却不了解别人为什么出错。像这种情况，我该怎么办呢？"

蘧伯玉说："问得好啊！要警惕！要谨慎！首先要端正

你自己！外表上最好多亲近他，内心中最好多顺从他。即使这样，这两种态度仍有隐患。亲近他，不要关系过密；顺从他，不要心意太露。外表亲近到关系过密，就会招致颠仆毁灭，崩溃失败；内心顺从得太过显露，将被认为是求声求名，也会招灾惹祸。他如果像个天真的孩子，你也姑且跟他一样，表现得像个无知无识的孩子；他如果跟你不分界线，那么你也就跟他不分界线；他如果跟你无拘无束，那么你也就跟他无拘无束。做到这些，就可以进入一个无可挑剔的境界了。"

阴谋怪习、异行奇能，俱是涉世的祸胎。只一个庸德庸行，便可以完混沌而招和平①。

【注释】

①混沌：古代传说中央之帝混沌，又称浑沌，生无七窍，日凿一窍，七日凿成而死。借指世界开辟前元气未分、模糊一团的状态。比喻自然淳朴的状态。

【译文】

阴谋诡计、古怪习气、异端行为、特殊才能，都是涉身处世的祸根。只要遵循一般的道德规范，谨守普通人的行为方式，就可以保全天性中自然淳朴的状态，给自己带来平静安定的生活。

【点评】

儒家的中庸之道排斥严重偏离正常标准的现象和行为。陈平是西汉开国功臣之一，在楚汉相争以及西汉建国初期，为刘邦出过许多奇计，被封为曲逆侯。但是陈平反省自己的一生，却说了这样一段话："我经常使用诡秘的计谋，这是道家所反对的。我的后代如果被废黜，世袭爵位也就停止了，终归不能再度兴起，因为我暗中积下了很多祸因。"陈平的判断居然很准确，在他死后二十余年，他的曾孙因罪弃市，世袭爵位因之废止。

语云："登山耐险路，踏雪耐危桥。"一"耐"字极有意味。如倾险之人情、坎坷之世道^①，若不得一"耐"字撑持过去，几何不坠入榛莽坑堑哉^②？

【注释】

①倾险：用心邪僻险恶。

②榛莽：杂乱丛生的草木。比喻艰危或荒乱。坑堑：沟壑，山谷。比喻险恶环境。

【译文】

俗语说："登山要能忍耐险峻的道路，踏雪要能忍耐危险的桥梁。"一个"耐"字意味深长。就像邪僻险恶的人心、崎岖坎坷的世道，倘若不用一个"耐"字支撑过去，有几个人能不坠入丛生的乱草或沟壑深谷之中呢？

【点评】

中国传统文化宣扬"隐忍"的处世之道，在遭遇恶劣环境和不公平待遇时，强调以隐忍来保存实力，"留得青山在，不怕没柴烧"。但是，一味消极忍受也是不行的。据说唐代和尚寒山曾经问拾得："世间谤我、欺我、辱我、笑我、轻我、贱我、厌我、骗我，如何处治乎？"拾得回答说："只是忍他、让他、由他、避他、耐他、敬他、不要理他。再待几年，你且看他！"在这个据说是普贤菩萨化身的拾得看来，对待世人强加于自己的种种不平待遇，除了忍受之外，还要灵活采用避让、顺从、礼敬等方式，特别还有"耐"的办法。人们习惯把忍、耐二字连在一起，偏指"忍受"之意，不过"耐"在消极"忍受"之外，更强调忍受的能力和技巧，单看"耐"字组成的耐久、耐用、耐火、能耐等词语，就可以知道了。理解了这一点，才能明白《菜根谭》中所说的这个"耐"字到底是一种什么样的生存策略：攀登崎岖险峻的山路，踏过积雪覆盖的危桥，既需要耐心耐性，步步小心谨慎，更需要控制身体移动、控制紧张内心的技能，这不是与生俱来、人人皆有的，既需要某些天赋，也可以通过长期训练获得增益。这才是"耐"字诀的真正含义。

处富贵之地，要知贫贱的痛痒；当少壮之时，须念衰老的辛酸。

【译文】

身处富贵的环境之中，需要知道贫穷卑贱的疾苦；正当少壮之时，必须考虑年老体衰的辛酸。

【点评】

居于富贵之地而能了解贫贱的苦楚，正当少壮之时而能感念衰老的辛酸，这样的人，既需要仁善之心，也需要有能设身处地为他人着想的意识。西汉时期的名将李广和霍去病几乎同时活跃在汉匈战场上，《史记》在两人的传记中，分别写到他们对待士兵的态度：李广带兵出征，遇到补给极其困难时，一旦找到水源，如果还有一名士兵没喝上水，李广绝不喝水；一名士兵没吃上饭，李广绝不吃饭。骠骑将军霍去病带兵出征时，武帝特地派人用几十辆车给他运送专用物资，等到撤兵之时，吃不完的上等食物全都随意抛弃，士兵却面带饥容；他领兵到荒寒艰苦的塞外作战，士兵粮食短缺，有人甚至饿得走不动路，霍去病却精力充沛地踢球为戏。说起来，霍去病也实在令人钦佩，武帝提议给他建造豪宅，他却以"匈奴未灭，何以家为"的豪言壮语断然拒绝，可见他并不是追求个人享乐之人，只是因为年纪轻轻就尊荣显贵，完全不了解底层士兵的痛苦。可是，那些统领千军万马、高高在上的将军们，又有几人能够了解普通士兵的痛痒呢？千百年后，唐代边塞诗人高适仍在《燕歌行》中慨叹："君不见沙场征战苦，至今犹忆李将军！"

持身不可太皎洁，一切污辱垢秽要茹纳得①；与人不可太分明，一切善恶贤愚要包容得。

【注释】

①茹（rú）纳：容纳。

【译文】

持节立身不可过于明洁清高，一切污浊、屈辱、尘垢、秽恶之物，都要能够容纳；与人交往不可过于是非分明，一切善良、丑恶、贤能、愚拙之人，都要能够包容。

【点评】

《老子》中说：道是虚空的，唯其虚空，故能包含万物，"挫其锐，解其纷，和其光，同其尘"。这种不露锋芒、消解纷扰、含敛光辉、混同尘世的"道"，深刻影响了中国人的处世原则和立身行事方式。《红楼梦》中，贾宝玉梦游太虚幻境，听到一支名为《世难容》的曲子，曲中唱道："气质美如兰，才华馥比仙。天生成孤僻人皆罕。你道是啖肉食腥膻，视绮罗俗厌，却不知太高人愈妒，过洁世同嫌。"曲中之人就是妙玉，她如兰如仙、高洁孤僻，在她眼里，乡野村妇刘姥姥喝过茶的杯子就已脏得不能再用，就连"阆苑仙葩"般的林黛玉，都是"大俗人"，平常世人自然更难进入她的"法眼"了。反过来，正如曲名所说，妙玉因太过高洁，无法得到世人的理解和容忍，以"温柔敦厚"著称的宝钗说她"怪诞"，堪称"妇德"样本的李纨讥她"可厌"，就连相交多年、与她半师半友的邢岫烟也说她"为人孤高，不合时宜"。妙玉正是因为过于孤傲、过分矫情，注定落得"可怜金玉质，终陷淖泥中"的命运。这个带有象征意味的文学人物，足以带给我们现实的警示。

　　休与小人仇雠①，小人自有对头；休向君子诌媚，君子原无私惠。

【注释】

①仇雠（chóu）：亦作"仇仇"。仇人，冤家对头。

【译文】

休要与小人结下仇怨，小人自然会有他的冤家对头；休要向君子奉承讨好，君子原本没有私人的恩惠。

【点评】

人们常说，"宁和君子打一架，不跟小人说句话"，可见小人是多么可怕！"小人"没有统一面目，却几乎集人性阴暗之大成：他的一张嘴可以说三道四、飞短流长、无事生非、颠倒黑白、挑拨离间、造谣惑众；他的一颗心能够自私自利、唯利是图、诡计多端、机关算尽、借机发难、暗箭伤人、落井下石；他的面目姿态可以巧言令色、狐假虎威、阳奉阴违、欺上瞒下、两面三刀、口蜜腹剑、曲意奉承、摇尾乞怜、"面上一盆火，脚下使绊子"……生活中、工作中遇到这样的人，真是最大的不幸！可是人在世间，却免不了和形形色色的小人打交道；掌握对付这类人的诀窍，可以说是必不可少的生存之道。"小人固宜远，然断不可显为仇敌"，不与小人结仇，可以说是古人强调的首要原则。《论语》中有一个"阳货欲见孔子"的故事，可以说是孔子对付小人的完美示范：

鲁国权臣季氏的家臣阳货气焰熏天，图谋不轨，想方设法要把名声远扬的孔子网罗到自己的阵营中，可是孔子一直不为所动。有一天，阳货登门拜访，孔子预先得到消息，躲开了，可是阳货却把一只烤乳猪送到孔子家。"来而不往非礼也"，孔子必须回拜阳货。孔子得罪不起阳货，却又不甘心和他扯上什么关系，就故意趁阳货不在家时前去回拜，既不失礼，又不失节。不巧的是，孔子刚走到半路，就和阳货迎面撞上了。阳货质问孔子说："把自己的本事隐藏起来，听任国家陷于混乱，这难道就是仁吗？"孔子没办法，只好敷衍着说："不是。"阳货又问："喜欢参与政事，却又屡次错过机会，这难道算是智吗？"孔子说："不是。"阳货又语重心长地说："日月流逝，时不我待呀。"孔子说："好吧，我将要做官了。"

孔子对阳货深恶痛绝，却没有力量阻止他为非做歹，只好尽量避免与之直接发生冲突，维持表面上的正常关系。虽然孔子口头上唯唯诺诺，说自己要去做官，实际上在阳货把持朝政的时局下，他始终独善其身、和而不流。

事稍拂逆，便思不如我的人，则怨尤自消；心稍怠荒，便思胜似我的人，则精神自奋。

【译文】

事情稍觉不尽如人意，就想想那些不如我的人，那些怨天尤人的想法自然就消除了；心神稍有懒惰放荡，就想想那些胜过我的人，那么精神自然就会振奋起来。

【点评】

此处表面上讲的是与人比较，用意却在强调精神状态的自我调适。人生中总有因为事不如意而心情沮丧的时刻，如何让自己走出消极情绪，恢复到正常状态呢？人生中总会有或因天性使然、或因小有成就而懒散放纵的时刻，如何让自己振作起来、奋勇向前呢？背诵几遍圣贤教诲、励志格言也许有些用处，但是不如给自己找个"参照物"效果更为明显。事不如意时，想想有多少人不如自己，有助于缓解怨愤之情；心志松懈时，想想有多少人胜过自己，有助于激发进取精神。这种行为模式看似消极，其实从人的心理发育和人格发展角度来说，也有一定的科学道理。婴幼儿在与他人的比较中形成自我意识，逐渐认识自己，成长为一个独立的"我"。在这个阶段，人往往以自我为中心，过分关注自己的需要，忽略甚至意识不到他人的存在和需要。这样的"我"进入社会后，会逐渐在与他人的比较中重新认识自己，意识到自己不是唯一的存在，而是整个群体的一部分；发生在自己身上的事情，同样也可能发生在别人身上；自己体会到的那些喜怒哀乐，别人同样也可能有所体会。可以说，与他人的"比较"，在人生发展中起着至关重要的作用。一味局限在自己的内心世界，人更容易沉浸在自己"太不幸"或"很优秀"的片面认识当中；如果能够有意识地正确运用"比较"，削弱和纠正这种片面认识，对人生的顺利发展不无益处。

不可乘喜而轻诺，不可因醉而生瞋，不可乘快而多事，不可因倦而鲜终。

【译文】
不可乘着一时喜悦而轻易许诺，不可因为醉酒失控而怒气冲冲，不可乘着舒适畅快而寻衅生事，不可因为疲乏倦怠而有始无终。

【点评】

修身是持之以恒的工夫，需要落实到生活的点点滴滴之中，特别需要注意在情绪高涨或身体倦怠时不放松对自己的要求。轻易许下的诺言，事后往往难以做到；对人挥拳瞪眼、怒气冲冲，会使人际关系恶化；做不应该做的事情，可能画蛇添足；做事有始无终、虎头蛇尾，显然也是不好的行为。以上四种行为，稍有修身意识的人，平时都会加以留意，但是在某些特殊情况下，则可能会放松对自己的约束控制。经验表明，人在喜悦中容易轻许诺言，酒醉后容易因为小事就怒不可遏，心情畅快时容易做出出格的事情，疲倦时容易滋生放弃的心理。在日常生活中，要特别注意这些特殊情境，注意这些比较"脆弱"的时刻，才能确保小不坏事、大不失德。

钓水，逸事也，尚持生杀之柄；奕棋，清戏也，且动战争之心。可见喜事不如省事之为适，多能不如无能之全真。

【译文】

钓鱼本是一件悠闲超逸的事情，尚且操持着对游鱼的生杀大权；下棋本是一项清新雅致的游戏，尚且挑动起角逐争斗的心理。可见喜欢多事不如减少事务更为安逸闲适，具有多种才能不如没有才能更能保全天性。

【点评】

庄子喜欢垂钓濮水之上，孔子也不反对把博弈作为消遣，但是洪应明却在钓鱼中看到生杀之柄，在弈棋中看到战争之心，因此视为自寻"多事"、自炫"多能"，主张放弃这些非但无益而且妨碍修身养性的活动。这种观点虽有偏激之嫌，倒也由来已久，有其一定的道理。

魏晋南北朝时期，上流社会普遍喜欢围棋游戏，也就出现许多反对围棋的声音。东吴太子认为博弈没有任何用处，还特意让韦昭写了一篇《博奕论》，详细阐明这个道理："今世之人，多不务经术，好玩博奕，废事弃业，忘寝与食，穷日尽明，继以脂烛"，博弈严重妨碍了工作和学习；其次，"当其临局交争，雌雄未决，专精锐意，心劳体倦，人事旷而不修，宾旅阙而不接……至或赌及衣物，徙棋易行，廉耻之意弛，而忿戾之色发"，博弈损害身体健康、破坏家庭和社会关系，甚至引发赌博、争斗等恶行；最后，博弈之人"所志不出一枰之上，所务不过方罫之间……技非六艺，用非经国……求之于战阵，则非孙、吴之伦也；考之于道艺，则非孔氏之门也"，博弈之人玩物丧志，一无所成。致力于经学的王肃、热衷道教的葛洪、追求建功立业的陶侃等人，都是围棋的坚决反对者，他们都对自己设下"不许目观手执"的禁令。葛洪《抱朴子·自叙》形象描绘了自己对博弈的看法：看见别人在玩，他看都不看一眼；有时被人生拉硬拽着去看，也完全看不进去，感觉昏昏欲睡，以至于棋局上有几道格子都弄不清楚。他认为这种末技不仅扰乱心意、浪费时间，而且"胜负未分，交争都市，心热于中，颜愁于外，名之为乐，而实煎悴"，不能怡情悦性，反而让人为了棋局上的输赢而陷入煎熬，甚至"丧廉耻之操，兴争竞之端，相取重货，密结怨隙"，历史上"宋闵公、吴太子致碎首之祸，生叛乱之变，覆灭七国，几倾天朝"，足以成为千秋万代之人的借鉴。

人解读有字书，不解读无字书；知弹有弦琴，不知弹无弦琴。以迹用不以神用，何以得琴书佳趣？

【译文】

人们读得懂有字之书，却读不懂无字之书；会弹奏有弦的琴，却不会弹奏无弦的琴。只知道运用有形的东西，却不能领悟其中的神韵，怎能理解琴书之中的高雅情趣呢？

【点评】

据说，东晋高士陶渊明不解音律，却有一张无弦琴，每当酒后心有所感，就抚此琴寄寓心意，把陶渊明写入《宋书·隐逸传》的南朝文士沈约和整理陶渊明诗集的萧统，是此说的始作俑者。到了唐代文人笔下，这个传说更加具体生动："性不解音，而畜素琴一张，弦徽不具。每朋酒之会，则抚而和之，曰：'但识琴中趣，何劳弦上声！'"这张素琴不仅弦徽俱无，而且朴素得没有任何装饰；陶潜也不再只是以此琴自娱，而是在酒会上与朋友合奏，甚至还发展出"但识琴中趣，何劳弦上声"的玄妙理论。从此以后，"家蓄无弦琴"便成为陶渊明最有名的逸事之一，引得后人不仅津津乐道，而且煞费苦心地索解其中深意。比如唐人张随写过《无弦琴赋》，不但说陶渊明"抚空器而意得，遗繁弦而道宣"，而且假托陶渊明之口，声称"乐无声兮情逾倍，琴无弦兮意弥在。天地同和有真宰，形声何为迭相待？"至于征引《老子》"大音希声"的观点，把无弦琴说成是陶渊明对老子思想的深刻体认和实践，也成了后世文人学者自认为对"陶渊明的无弦琴"的最玄妙理解。

也许，这张"不落形迹"的无弦琴并非事实；也许这种种玄妙解释，正是陶渊明声称自己绝不去做的"求甚解"之类的过度阐释。苏东坡则认为此事根本就没有那么玄奥神秘，只是碰巧赶上琴弦坏了，陶渊明贫困窘迫，一时之间没钱更换新弦，又赶上心中有所感触，需要抒发，就抱着那张无弦琴抚弄一番，只要内心中有那旋律在流淌，发不发出琴音，也没什么关系。这本是天性率真的陶渊明自然而然的一个举动，旁观者不解其意，几经传说，或认为他是因为不懂音律而不张琴弦，或认为他是因为悟彻玄理而抛弃琴弦。无论如何，不管"知弹无弦琴"的境界是否能够达到，抱着一张无弦琴的陶潜确确实实成为人们百计模仿的对象。

也许最终还应回到庄子吧。庄子说："可以言论者，物之粗也；可以致意者，物之精也。"（《秋水》）言语只能谈论事物粗浅的外在表象，事物精细的内在实质，只能通过心意才能传达，这不正是"无字书"吗？庄子还说：如果声音没有高低长短之分，就无法演奏音乐；任何高明的琴师也不可能同时并奏出各种各样的声音，当他奏出一个音时，其余的六个音却同时消失了。所以，不如静坐琴前，用心倾听大自然的天籁之音吧。

石火光中争长竞短①，几何光阴？蜗牛角上较雌论雄②，许大世界？

【注释】

①石火：以石敲击，迸发出的火花，其闪现极为短暂。

②蜗牛角：蜗牛的触角。比喻微小之地。《庄子·则阳》："有国于蜗之左角者曰触氏，有国于蜗之右角者曰蛮氏，时相与争地而战，伏尸数万，逐北旬有五日而后反。"后以"蜗角斗争"比喻因细事而引起争斗。

【译文】

在电光石火般短暂的人生中竞争寿命长短，又能争得多少光阴？在蜗牛触角般狭窄的空间里较量谁强谁弱，又能争到多大领地？

【点评】

碌碌尘世，熙熙攘攘，普通人总是很难获得一个高远、超然的角度看清自己，所以为了争些蜗角虚名、蝇头微利而耗尽心力。一旦看清人在宇宙时空中的位置，未免让人惊心动魄，也让人看清应该如何取舍，如何生活。北齐人刘昼说"人之短生，犹如石火，炯然以过，唯立德贻爱为不朽也"（《新论·惜时》），他要珍惜时光，追求不朽；白居易说"蜗牛角上争名利，石火光中寄此身。随富随贫且随喜，不开口笑是痴人"（《对酒》），他要随遇而安，快乐一生。——都是幸福的活法儿。

有浮云富贵之风①，而不必岩栖穴处；无膏肓泉石之癖②，而常自醉酒耽诗。竞逐听人而不嫌尽醉，恬憺适己而不夸独醒③。此释氏所谓不为法缠、不为空缠、身心两自在者④。

【注释】

①浮云富贵：《论语·述而》："不义而富且贵，于我如浮云。"后因以"富贵浮云"指富贵利禄变幻无常，不足看重。

②膏肓（huāng）：古代医学以心尖脂肪为膏，心脏与膈膜之间为肓。比喻难以救药的失误或缺点。

③独醒：独自清醒。喻不同流俗。《楚辞·渔父》："屈原曰：'举世皆浊我独清，众人皆醉我独醒，是以见放。'"

④释氏：佛姓释迦的略称，亦指佛或佛教。法：佛教语。指事物及其现象，亦特指佛法。空：佛教语。谓万物从因缘生，没有固定，虚幻不实。

【译文】

具有视富贵如浮云的风骨，却不必非要居住到远离人世的深山洞穴之中；没有酷爱清泉岩石的癖好，却喜欢饮酒赋诗，常能自得其乐。听任别人追名逐利，却不嫌恶他们全都迷醉在滔滔人欲之中；清静淡泊，顺适本性，却不夸耀自己是独醒之人。这就是佛家所说的不为外物蒙蔽、不被虚幻迷惑、身心全都不受束缚的人。

【点评】

混迹俗世，却对富贵不以为意；赋诗饮酒，却不因清泉山石而痴迷。听任别人争名逐利，却不对其嘲笑鄙夷；自己过得恬静淡泊，却不自炫清高非凡。这种生活方式，混合了儒家的独善其身、道家的和光同尘以及禅宗的"日常生活是道"等理念，对明代士子颇具吸引力。恶劣的制度环境挤压了他们的政治生存空间，很多人被迫生活在凡庸之中，却又努力保持高雅的生活情调，以此弥补世俗生活的凡庸；商品经济的发展，向他们展示了更加物质化、世俗化的生活方式，他们也需要保持一种淡泊超逸的形象，无挂无碍地走过物欲横流的俗世。明代中后期，传统的士文化与逐渐兴起的市民文化碰撞融合，知识分子需要重新寻找切合身份的生活方式。居于红尘闹市，悠然自得，不与世争，不与世浊，这种近乎"大隐"的境界，成为许多人不约而同的选择。

趋炎附势之祸，甚惨亦甚速；栖恬守逸之味，最淡亦最长。

【译文】

趋奉阿附得势当权的人，所带来的灾祸最惨烈，也最迅速；坚守恬淡安逸的生活，此中的滋味最平淡，也最悠长。

【点评】

东晋时有个人叫袁悦，口才极佳，善于游说，也精通玄学。起初他在谢玄手下做事，很受器重。后来父母相继去世，他守丧之后回到都城，随身只带了一部《战国策》。

他对人说："年轻时，我读《论语》和《老子》，又看《庄子》和《周易》，讲的都是些琐屑小事，读来读去有什么好处呢？天下最重要的东西，就是《战国策》！"他去游说孝武帝的哥哥、权臣司马道子，大受宠幸，经常劝其专揽朝政，司马道子对他的建议颇多采纳，几乎乱了朝纲。王恭得知此事，禀报孝武帝，不久就找了个借口把袁悦杀了。袁悦看不上儒道两家所讲的修身立德、淡泊名利，凭着专讲诡谲之计、诈伪之谋、机巧之变的《战国策》去逢迎游说心怀不轨的司马道子，终于给自己惹来杀身之祸。

　　色欲火炽，而一念及病时，便兴似寒灰；名利饴甘，而一想到死地，便味如嚼蜡。故人常忧死虑病，亦可消幻业而长道心①。

【注释】

①道心：佛教语。菩提心，悟道之心。

【译文】

　　性欲如烈火般炽烈燃烧，然而一想到疾病时的情形，兴致立刻变成一堆冷灰；名利像饴糖般甘甜诱人，然而一想到死亡来临，滋味立刻便像咀嚼蜡丸一般无味。所以如果人们能够经常忧虑死亡和疾病，也可以消除空幻的业障，增长悟道之心。

【点评】

　　以疾病的痛苦和死亡的虚无来戒止贪欲，这是古人常用的道德训诫手法，这段文字也是如此。古典名著《红楼梦》以艺术之笔，将"乐极悲生，人非物换"、"到头一梦，万境归空"的人生真相展现在世人面前，供人在"醉淫饱卧之时，或避事去愁之际，把此一玩"；空空道人抄录此书，居然"因空见色，由色生情，传情入色，自色悟空"，使自己的修行境界进入新的层次；东鲁孔子后裔孔梅溪则干脆将此书改名《风月宝鉴》，认为世人阅读此书，可以"戒妄动风月之情"。小说第十二回"王熙凤毒设相思局，贾天祥正照风月鉴"中，贾瑞贪恋凤姐容貌，被其设局陷害，知过不改，执迷不悟，眼见病势沉重，一脚已经踏进棺材。忽有跛足道人上门化斋，送给他一面宝镜，说"天天看时，此命可保"。此镜两面皆可照人，镜把上錾着"风月宝鉴"四字，据说"出自太虚幻境空灵殿上，警幻仙子所制，专治邪思妄动之症，有济世保生之功"，但是只可照背面，千万不可照正面。贾瑞背面照时，只见一个吓人的骷髅立在里面；正面照时，却见凤姐站在里面招手叫他与其欢会。贾瑞全然忘记道士之言，接二连三地正照，喜滋滋、荡悠悠出入镜中，结果却被两个索命鬼套走。贾瑞的爷爷架火来烧害死孙儿的"妖镜"，却听镜内传出哭声："谁叫你们瞧正面了！你们自己以假为真，何苦来烧我？"在曹雪芹的隐喻系统中，人间种种风月情浓皆为幻境，"风月宝鉴"背面的骷髅，正是要将人生背面的真相呈现给世人，以此"警幻"。贾瑞至死没能、也不想看破这个真相，所以即使神仙也救不了他。

建功立业者，多虚圆之士；偾事失机者，必执拗之人。

【译文】

能够建功立业者，大多是谦虚圆融之士；败乱事业、错失时机者，必定是固执任性之人。

【点评】

任何事情都是人做的，事情做成什么样子，往往取决于做事之人的性格与行为方式。谦虚圆融之人懂得权衡轻重、灵活变通，往往能成大事；固执倔强之人习惯拘泥于一点而难计其余，不知变通，有时尽管动机良好，却容易贻误时机，坏了大事。其实孔子和孟子都讲"权"，孔子曾经感慨地说："可与共学，未可与适道；可与适道，未可与立；可与立，未可与权。"意思是说：可以一起学习的人，未必可以一起取得成就；可以一起取得成就的人，未必可以一起事事依体而行；可以事事依体而行的人，未必可以一起通达权变。孟子则通过设置"嫂溺"情境，严厉斥责那些扛着"男女授受不亲"大旗，完全不懂权变的迂腐书生："嫂溺不援，是豺狼也。男女授受不亲，礼也；嫂溺，援之以手者，权也。"无数史实证明，不论是在政治斗争，还是在日常生活中，准确判断形势，懂得灵活变通，都是非常必要的。西汉惠帝时，王陵为右丞相，陈平为左丞相。王陵学问好，有气节，好直言；陈平善用计谋，名声不好。惠帝驾崩，吕后想立自己的侄子为王，问王陵，王陵说"不可"；问陈平，陈平说"可"。事后，王陵谴责陈平，陈平说："面折廷争，我不如您；全社稷，安刘氏，您不如我。"王陵冒犯吕后，被罢免丞相之职，于是杜门不出，不久就死了，陈平却得到升迁。等到吕太后一死，陈平与太尉周勃合谋，诛灭吕氏，立孝文帝，所有行动都是出于陈平的策略。

俭，美德也，过则为悭吝①，为鄙啬，反伤雅道②；让，懿行也③，过则为足恭④，为曲礼⑤，多出机心。

【注释】

①悭（qiān）吝：吝啬。

②雅道：正道，忠厚之道。

③懿（yì）行：善行。

④足恭：过度谦敬，以取媚于人。《论语·公冶长》："巧言、令色、足恭，左丘明耻之，丘亦耻之。"

⑤曲：邪僻，不正派。

【译文】

节俭是一种美德，但是过分节俭就是吝啬，就是小气，反而有伤忠厚之道；谦让是一种善行，但是过分谦让就是讨好谄媚，就是假装恭敬，大多出于机巧功利之心。

【点评】

持家要注意节俭，立身要懂得谦让，这是传统道德中的两项重要准则。但是凡事有度，俭、让也是如此，过分节俭就成了鄙陋吝啬，过分谦让就成了谄媚讨好，都走到了美德的对立面，不是人格缺陷，就是用心狡诈了。古代文献中记载了许多吝啬鬼的故事，《颜氏家训·治家》中说：邺下有一领军，过于贪婪敛财，家中僮仆已有八百，他却发誓凑满一千。早晚每个人的饭菜以十五文钱为标准，遇到有客人来，再不添加一点。后来他犯罪被法办，朝廷派人没收他的家产，发现他家麻鞋有一屋子，朽坏的衣服装了几库房，其余财宝多得没法说。南阳有个人，家财积累富厚，秉性却极俭省吝啬。有一年冬至后，女婿去拜望他，他就摆出一小铜盆酒、几块獐子肉来招待。女婿怪他简慢，一下子就把酒肉吃尽喝光了。这位南阳人感到惊愕，只好对付着叫仆人添上一点，就这样添了两次。下来后，他责备女儿说："你男人爱喝酒，所以你才老是受穷！"到他死后，几个儿子争夺家财，当哥哥的竟然把弟弟给杀了。至于《儒林外史》中的严监生，临死前因为灯上烧着两根灯草，用手指点着，硬是不肯咽气，直到小老婆猜到他的心思，挑掉一根灯草，他才放心地闭上眼睛，在吝啬鬼中也算是极品了。

毋忧拂意，毋喜快心，毋恃久安，毋惮初难。

【译文】

不要因为不如意事而忧心忡忡，不要因为称心如意而喜不自胜，不要因为享受长久的安定而有恃无恐，不要因为起步之初的困难而畏惮不前。

【点评】

"人生不如意事十之八九"，不能因此而过分忧虑；"人逢喜事精神爽”，却也不要因此而欣喜若狂。此处强调情绪控制问题，过度的忧伤和喜悦，都会给身体和精神造成损伤。“人无远虑，必有近忧”，懂得居安思危，才能长治久安；“万事开头难”，不要被眼前的困难吓倒，要勇敢地踏出第一步。此处讲的是人应该如何正确看待眼前的境遇，眼前的顺利不能依恃，眼前的困难不必惧怕。

用人不宜刻，刻则思效者去；交友不宜滥，滥则贡谀者来。

【译文】

用人不宜太苛刻，如果过于苛刻，那些想为你效力的人也会离你而去；交友不可太泛滥，如果过于泛滥，那些想向你献媚的人就会到你身边来。

【点评】

选下属、选员工和选朋友，所持标准应该是大不相同的。对待下属和员工，应该是量才而用，善于发现每个人的优点，将其安排在合适的岗位上，使其充分发挥长处。至于他们身上可能存在的某些缺点，只要不对整个团队或事业造成危害，就不必过于挑剔苛求。朋友对自己的帮助和影响却不仅限于事务方面，更重要的是在人格修养的层面上，所以朋友关系要以志同道合、趣味相投为基础。孔子说“损者三友，益者三友。友直，友谅，友多闻，益矣；友便辟，友善柔，友便佞，损矣”，还说“毋友不如己者”，都是强调选择朋友一定要有严格的标准。交友之道虽然说来简单，但是还要善于识人。苏轼在《亡妻王氏墓志铭》中追忆妻子王弗生前对自己在择友方面的帮助，说有客人来访时，王弗总是站在屏风后面听他们谈话，客人走后，王弗会对来客做出评论，说某人说话模棱两可，总是根据主人的意思做出改变，这样的人心术不正，没必要跟他浪费时间；某人想和苏轼结成密友，王弗则预言他们的友情不会长久，因为此人与人结交太急迫，将来弃人而去也会很迅速。事后证明王弗的判断是准确的。

隐逸林中无荣辱，道义路上泯炎凉。

【译文】

隐居在幽静的山林之中，就没有荣耀和耻辱；行走在道德和正义的大路上，就可以消泯世态炎凉。

【点评】

荣耀和羞辱同花并蒂，形影相随，唯有远离荣辱的根源方能避免；人情反复，世态炎凉，在所难免，唯有加强自身修养，在内心中消除炎凉的慨叹，才能真正超越这种现象。这就是隐逸山林、追求道义的价值所在。彻底厌弃整个世俗社会，退隐到那个理想中清净无尘的山林之中，很大程度上是源于对奔波劳碌的人生、纷纷扰扰的社会究竟有何目的与意义这一根本问题的怀疑和厌倦，希望能以退避舍弃的姿态，得到真正的解脱；选择了隐逸这种生命形态的人们，也需要不断论证这一选择的意义。

《列子》中说，列子穷困潦倒，面容常有饥色。有人对郑国上卿子阳说："列御寇是位有道之士，住在您治理的国家，却是如此穷困，你是不喜欢贤达士人吗？"子阳立即派人给列子送去粮食。列子见到使者，再三辞谢子阳的赐予。使者离开后，妻子伤心地埋怨列子说："我听说有道之人的妻子儿女都能活得安闲快乐，如今我们却面有饥色。郑相子阳瞧得起你，给你送来粮食，你却拒不接受，难道我们命中注定忍饥挨饿吗？"列子笑着对她说："郑相子阳并不真正了解我，他是因为听信他人之言，才派人送粮食给我，等他想要加罪于我，必定仍会听信他人之言，这是我不接受馈赠的原因。"后来百姓发难，杀死子阳，列子跟子阳没有任何瓜葛，也没有因为子阳倒台而受任何影响。

矜名不如逃名趣，练事何如省事闲？

【译文】

崇尚名声不如逃避名声更有趣味，熟谙世事怎如减省一事更为轻闲？

【点评】

此处讲的是如何在声名与做事问题上进行取舍。名与事，这是人生中两个非常重要的问题，一虚一实，与人在世间的存在息息相关。洪应明认为，在"名"这个问题上，逃避名声比崇尚名声更有闲散之趣；在"事"这个问题上，与其在洞悉人情世故之后，让自己历练出随机应变的能力，同时也不可避免地付出身心疲惫的代价，不如从主观上尽量省事、能不做事就不做事，更来得悠闲。这是人生的"减法"原则，通过主观抑制，在最大程度的削减中获得人生乐趣，甚至表现出追求"极简"、削减至零的倾向。

在古人看来，"逃名"是极高的境界。西晋时有个人名叫胡威，其父胡质在三国时期的魏国担任荆州刺史，以忠正清廉著称。胡威从京城洛阳去荆州探望父亲，由于家中清贫，没有车队仆从，只是单身骑驴而行。他在荆州住了十余天后，告别父亲，起程回家，父亲赐他一匹绢。胡威问父亲："您为人清高，不知从何处得到此绢？"父亲说："这是我俸禄的结余，作为你路上的开销。"胡威这才接受，踏上归程。每到一个客栈，他就自己放驴、取柴做饭，吃完后再与旅伴一起上路。胡质帐下有位都督，此前请假回家，暗中置备好路上所需物品，在百余里外等着，邀请胡威结伴同行，事事帮着胡威打理，还请他吃饭。胡威心中生疑，于是引他说话，得知实情，就用父亲送的绢偿还此人，让他回去。胡威后来把此事写信告诉父亲，胡质把这名都督打了一百板子，予以除名。胡威后来做了徐州刺史，为官清廉，治理有法，当地风化大行。晋武帝司马炎召见他，谈起往事，武帝感叹其父胡质的清廉，并问胡威说："你和你父亲谁更清廉？"胡威说："我比不上我父亲。"武帝问："你父亲哪方面胜过你呢？"胡威回答说："我父亲的清廉行为唯恐别人知道，我的清廉行为唯恐别人不知道，所以我远远不如父亲。"

山林是胜地，一营恋便成市朝①；书画是雅事，一贪痴便成商贾。盖心无染著^②，欲境是仙都；心有系牵，乐境成悲地。

【注释】

①市朝：市场和朝廷。指争名逐利之所。

②染著：佛教语。谓爱欲之心浸染处物，执著不离。

【译文】

山间林下确是美妙之境，可是一起谋求留恋之心，同样会变成争名逐利的场所；书法绘画确是风雅之事，可是一动贪欲痴迷的念头，同样会变成追求利益的商人。所以只要心灵没有受到欲念的浸染，即使置身人欲横流之中，也能建立内心的仙境；如果心中有所牵挂，即使处在快乐的环境之中，也像生活在悲惨的苦海之中。

【点评】

禅宗有个著名的故事：慧能去广州法性寺，正值印宗法师讲《涅槃经》。风吹幡动，因有二僧辩论风幡，一个说风动，一个说幡动，争论不已。慧能插嘴说："不是风动，也不是幡动，是你们的心在动！"心是什么样子，眼中的世界就是什么样子，《菜根谭》说的也正是这个意思。山林自是隐居胜地，可是如果把隐居山林视为沽名钓誉的手段，山林也就变成闹市；书画本是高雅之事，可是一旦陷入贪求迷恋之中，也就和商人没什么两样了。《高逸沙门传》中说：东晋高僧支道林托人向竺法深买印山，准备到那里隐居，竺法深回答说："从没听说巢父、许由买山而隐。"巢父是尧时的隐士，住在山里，不营世利，年老后以树为巢，睡在上面，故号巢父；尧帝想把天下让给许由，许由断然拒绝，跑到水边去洗耳朵。支道林听到竺法深的话，感到非常惭愧。

芦花被下卧雪眠云，保全得一窝夜气①；竹叶杯中吟风弄月，躲离了万丈红尘。

【注释】

①夜气：夜间的清凉之气。儒家谓晚上静思所产生的良知善念。

【译文】

躺在芦苇花絮成的被子里，仿佛卧在洁白的雪花或云朵上安眠，能将夜间的清凉之气保全在被窝中；端着竹叶沏成的香茶吟玩风月，可以远离人世间的滚滚红尘，尽享闲适潇洒。

【点评】

此处描写的是一种清贫朴素而又充满诗意的隐逸生活：没有棉絮，采集洁白的芦花，以此制成的被子自然不如棉被暖和，但是盖在身上，仿佛卧雪眠云，也可保存清凉夜气；没有好茶，摘片碧绿的竹叶，以此泡成的茶水也许不够香浓，但是并不妨碍吟风咏月的雅兴。"夜气"有一语双关之意，一指夜晚的清凉之气，一指晚上静思所产生的良知善念。孟子首先提出"夜气"之说："梏之反覆，则其夜气不足以存；夜气不足以存，则其违禽兽不远矣。"王阳明也用"夜气"来打比方，说明"良知"的虚灵性，说"良知在夜气发的，方是本体，以其无物欲之杂也"。如此说来，绿竹叶可以供人躲避红尘，白芦花则可以保存一颗纤尘不染的心。

多藏厚亡，故知富不如贫之无虑；高步疾颠，故知贵不如贱之常安。

【译文】

财富聚敛越多，损失就会越大，故而知道富有的人不如贫穷的人过得无忧无虑；地位爬得越高，摔得就会越惨，故而知道尊贵的人还不如卑贱的人能够常保平安。

【点评】

聚敛越多，损失越大；登得越高，摔得越重。因为经常困扰于财富、地位等方面的巨大损失，所以富贵之人比贫贱之人需要花费更多的心力去维护他们所拥有的东西，与其这样整天忧心忡忡、担惊害怕，还不如做个贫贱之人更好。这显然是一种消极的人生设计。不过，《老子》揭示"甚爱必大费，多藏必厚亡"的道理，是因为看到太多的世人轻身而徇名利，贪得而忘安危，目的是为了唤醒世人看重生命，不可为了名利而奋不顾身，还是很有道理的。放眼观看，处处可见人们在求夺争攘的圈子里翻来滚去，其间的得失存亡，其实是显而易见的。

世人只缘认得"我"字太真，故多种种嗜好、种种烦恼。前人云："不复知有'我'，安知物为贵？"又云："知身不是'我'，烦恼更何侵？"真破的之言也①。

【注释】

①破的：箭射中靶子。比喻发言正中要害。

【译文】

世上的人只因为把"我"字看得太真切，故而多出种种嗜好、种种烦恼。前人说："如果不知道有'我'存在，又怎么会知道外物是否贵重？"又说："如果知道这个肉身并不属于自己所有，那么烦恼又如何侵扰我呢？"这些话真是切中要害啊！

【点评】

老子说："吾之大患，在吾有身。"庄子认为不论客观万物还是人的内心世界，都受"道"的主宰，因而事物的彼此、认识上的是非，都是相对的，从根本上说，一切都是道的"物化"现象，就像庄周梦为蝴蝶、蝴蝶梦为庄周一样，只不过是一种幻觉，是没有定准的。如果世人沉迷执著于幻相而不觉悟，就会永远纠缠在烦恼之中。蚕痛苦无奈，对禅师说："我被自己的问题缠绕，我为它而死。"禅师说："谁捆住了你？""认得'我'字太真"的人，在达观之人看来，都只是作茧自缚而已。楚汉相争之时，刘邦、项羽在广武山相持不下，项羽抓住刘邦的父亲，架起大锅，把刘老头置于锅上，威胁刘邦说："若不赶紧撤兵，我就把你父亲煮了！"刘邦却说："当年我们一起侍奉怀王，约为兄弟，我父亲就是你父亲，你非要把咱父亲煮了，就请分我一杯羹！""吾翁即若翁"，虽是刘邦的无赖之"术"，可是一旦舍出"我"去，项羽也还真是拿他没办法，所以换个角度看，也未尝不暗合于"道"啊。

人情世态，倏忽万端，不宜认得太真。尧夫云①："昔日所云'我'，今朝却是'伊'；不知今日'我'，又属后来谁？"人常作是观，便可解却胸中罥矣②。

【注释】

①尧夫：邵雍（1011—1077），字尧夫。北宋思想家。著有《皇极经世》60卷。

②罥（juàn）：捕取鸟兽的网。

【译文】

人情冷暖，世态炎凉，转瞬之间就会发生纷繁复杂的变化，所以不应看得过于认真。尧夫说："从前所说的'我'，今天却已变成了'他'；不知道今天的'我'，将来又会变成谁呢？"如果人们能够经常这样想一想，就可解开胸中的各种牵缠羁绊了。

【点评】

人情反复，世态炎凉，这是无法回避的现象，越是对它看不破、放不下，总是念念不忘自己所受到的冷遇和伤害，就越会深陷其中，难以自拔。只有看淡自身的利害得失，才能以超然的姿态，获得彻底解脱。佛教里有这样一个故事：有位婆罗门，拿着两个花瓶前来献佛，佛陀对婆罗门说："放下！"婆罗门放下左手拿的那个花瓶。佛陀又说："放下！"婆罗门又把右手中的花瓶放在地上。可是佛陀仍对他说："放下！"婆罗门大惑不解，问佛陀说："我已两手空空，请问现在我要放下什么？"佛陀说："我叫你放下的不是你手中拿着的花瓶，而是你在尘世中执著的心。"放下自己的心，超越有限的"我"，就会少一些感慨与抱怨，多一分轻松和快乐。

知成之必败，则求成之心不必太坚；知生之必死，则保生之道不必过劳。

【译文】

如果知道有成功就必然有失败，那么希求成功的心念就不会过于坚执；如果知道活着的人必然会死，那么在保养身体、谋求长生方面也不必过于劳心费神。

【点评】

成之必败虽不尽然，但生之必死对每个人都是一样的，显赫如秦始皇、汉武帝，孜孜不倦以求长生，最终也难逃人生大限。对于这个问题，著名作家史铁生的描述充满诗意："一个人出生了，这就不再是一个可以辩论的问题，而只是上帝交给他的一个事实。上帝在交给我们这件事实的时候，就已经顺便保证了它的结果。所以死是一件不必急于求成的事，死是一个必然会降临的节日。"

眼看西晋之荆榛，犹矜白刃；身属北邙之狐兔，尚惜黄金。语云："猛兽易伏，人心难降；溪壑易填，人心难满。"信哉！

【译文】

眼看着西晋即将灭亡，繁华宫殿将要湮没在丛生的灌木之中，可是有些人还在炫耀武力；眼看着自己即将死去，到北邙山上与狐狸、兔子为伍，却还在吝惜黄金。俗语说："猛兽容易制伏，人心却难降服；溪谷容易填平，人心却难满足。"这句话真是正确呀！

【点评】

280年，司马炎以异姓王身份篡夺曹魏政权，建立晋朝，大封亲族本家为王，希望这些有血缘关系的同姓王能与朝廷和衷共济，保障江山万代永固。290年司马炎病死，近乎白痴的太子司马衷即位，他就是晋惠帝。西晋都城洛阳的皇宫南门外，有两只汉代遗留下来的青铜骆驼。《晋书·索靖传》中说：西晋官员索靖有远见卓识，还在晋惠帝即位之初，就预知天下将乱，指着铜驼长叹一声，说："将要看到你们埋在荆棘之中了！"说完，涕泗横流。不出索靖所料，没过多久，野心勃勃的皇后贾南风先是打着保卫司马氏政权的旗号，勾结同姓王，剪除杨太后一系的势力，之后又被其他同姓王起兵杀死，由此演成天昏地暗的自相残杀。从291年至306年，八个同姓王先后卷入混战，势力此消彼长，鱼贯入京，轮番坐庄，史称"八王之乱"。这场旷日持久的内乱，使得西晋元气大伤，生民涂炭，名士丧命，北方少数民族乘隙崛起，问鼎中原，洛阳陷落，王公士民三万余人被杀，繁华的帝都成为一片废墟。

乱后不久，西晋灭亡，衣冠南渡，中国重又陷入长期分裂的局面。当国运岌岌可危、王朝行将灭亡之时，那些不可一世的王爷们仍在耀武扬威，那些高官显宦还在争豪斗富，权力和金钱蒙住了他们的眼睛，激荡着他们内心的欲望，这是多么惨痛的历史，可是又有多少人能够记取这个教训呢？目睹金朝灭亡的元好问写下这样的诗句："铜驼荆棘千年后，金马衣冠一梦中。"

心地上无风涛，随在皆青山绿树；性天中有化育，触处都鱼跃鸢飞。

【译文】

如果内心中没有起伏不定的风涛，随处都是青山绿水的祥和美景；如果天性中有化生长育的爱心，那么随处都有鱼跃鸟飞的生动景象。

【点评】

"瞿塘嘈嘈十二滩，人言道路古来难。长恨人心不如水，等闲平地起波澜。"这是中唐诗人刘禹锡所写的一首《竹枝词》，以瞿塘峡的艰险起兴，引出对世态人情的慨叹。瞿塘峡是长江三峡之一，两岸连山，水流湍急，形势最为险要，古有"瞿塘天下险"之称。可是在诗人看来，瞿塘峡之所以凶险，是因为水道中多有礁石险滩，人心却是"等闲平地"也会陡起波澜，相比之下，还不如这长江水呢！

诗人由瞿塘险滩联想到隐藏在世人心中的波澜，哲人却要平息自己心中的风涛，去发现无处不在的绿树青山；要发掘天性中化生长育的爱心，去欣赏鸟飞鱼跃的机趣天理。《诗经》中说："鸢飞戾天，鱼跃于渊。"天地间鸟飞鱼跃，万物各得其所，活活泼泼地体现着天理。这些渺小的生命也都跟人们一样，为了各种的目的而奔波。当我们能够静下心来，用仁爱的眼睛去观察这个世界，我们会发现美好和自由无处不在。

狐眠败砌，兔走荒台，尽是当年歌舞之地；露冷黄花，烟迷衰草，悉属旧时争战之场。盛衰何常？强弱安在？念此令人心灰。

【译文】

狐狸在颓败的台阶上做窝安眠，兔子在荒废的楼台上奔跑出没，这里都是当年轻歌曼舞的地方；簇簇黄花上凝结着滴滴冷露，遍地荒草笼罩在凄迷的烟雾之中，这里都是从前龙争虎斗的战场。兴盛抑或衰亡，哪能一成不变？强大或者弱小，如今都在哪里？想到这些，不禁令人心灰意冷。

【点评】

南宋豪放派词人辛弃疾登上镇江北固亭，凭栏遥望，无限感慨："千古江山，英雄无觅孙仲谋处。舞榭歌台，风流总被雨打风吹去。"笙歌艳舞终会烟消云散，刀光剑影终将归于沉寂，有谁能让兴盛天长地久？哪位英雄能把名字刻在水上？

宠辱不惊，闲看庭前花开花落；去留无意，漫随天外云卷云舒。

【译文】

无论宠耀或屈辱都不惊惧，具有这样的定力，才能悠闲地欣赏庭院前花朵的绽放与凋落；无论离去还是留下都并不在意，具有这样的心态，就能像天际的浮云随意卷起或舒展那样进退自如。

【点评】

恩宠与屈辱，好比花开之绚丽、花落之凄凉；若宠辱不惊于心，则自有闲情坐看庭前花开花落，赏自然物性之趣，悟荣辱浮沉之理。出仕与退隐，好比天上浮云的舒展与卷缩；若出仕与退隐都不放在心上，自然就会像天际浮云那样随风飘荡。《世说新语·隐逸》中说：阮裕在会稽剡山隐居，整天逍遥无事，时常感到自我满足。有人向王羲之说起阮裕，王羲之说："这个人近来不为宠辱所动，即使是古代的隐士，怎能超过他呢？"

晴空朗月，何天不可翱翔，而飞蛾独投夜烛；清泉绿竹，何物不可饮啄，而鸱鸮偏嗜腐鼠①。噫！世之不为飞蛾鸱鸮者，几何人哉？

【注释】

①鸱鸮（chīxiāo）：鸟名。俗称猫头鹰，常用以比喻贪恶之人。

【译文】

万里晴空高悬一轮明月，哪片天空不可以任意翱翔？可是飞蛾却偏偏扑向夜色中的一点烛火；清清泉水，潇潇绿竹，哪种物品不可以啄食饮用？可是鸱鸮却偏偏贪嗜腐烂发臭的老鼠。唉！在这个世界上，不做扑火飞蛾、嗜鼠鸱鸮的，又有几个人呢？

【点评】

《庄子·秋水》中说：惠子在梁国做宰相，庄子前去看他。有人对惠子说："庄子来梁国，是想取代你做宰相。"于是惠子害怕起来，在都城中搜寻庄子，搜了整整三天三夜。庄子去见惠子，对他说："南方有一种鸟，名字叫鹓鶵，你知道吗？鹓鶵从南海出发，飞往北海，中途不是梧桐树它不会休息，不是竹子的果实它不会进食，不是甘美的泉水它不会饮用。正在这时，鸱鸮找到一只腐臭的老鼠，鹓鶵刚巧从空中飞过，鸱鸮仰头看着鹓鶵，怒气冲冲地说：'吓！如今你也想用你的梁国来吓我吗？'"庄子把相位比作腐鼠，表现了对权欲的极度鄙夷和厌恶。

烈士让千乘^①，贪夫争一文，人品星渊也，而好名不殊好利；天子营家国，乞人号饔飧^②，位分天壤也^③，而焦思何异焦声。

【注释】

① 烈士：有气节、有壮志的人。千乘：战国时期诸侯国，小者称千乘，大者称万乘。

②饔飧（yōngsūn）：早饭和晚饭。

③位分：地位，身份。

【译文】

有气节有壮志的人，可将千乘之国拱手让人，贪婪的人却为区区一文铜钱争得面红耳赤，这两种人的品格有着天壤之别，然而前者让国是好名，后者争钱是好利，其实两者在本质上并没有高下之别；天子掌管国家大事，乞丐沿街呼号要饭，这两种人的地位有着天壤之别，然而前者为机要大事焦苦思虑，后者为乞求食物唇焦口燥，两者在本质上又有什么差别？

【点评】

老庄哲学都讲"重生"，生命是最可宝贵的东西，不管是为名、为利、为公、私而残生伤性，都是不值得的。《庄子·骈拇》中说："小人则以身殉利，士则以身殉名，大夫则以身殉家，圣人则以身殉天下。"这四种人，所从事的事业有所不同，名声也有各自的称谓，可是他们因为牺牲生命而损害人的本性，在这一点上是一样的。为了说明这个道理，庄子还打了个比方：臧与谷两个家奴一块儿放羊却都让羊跑了。问臧在做什么，说是在拿着书简读书；问谷在做什么，说是在玩掷骰子的游戏。二人所做之事有雅俗之别，不过他们丢失了羊却是同样的。对于现代人来说，有人被快节奏的工作和生活追赶着，难以停下匆忙的脚步；有人被自我实现的内驱力推动着，不想放松对自己的要求。不过老话说得好，"身体是革命的本钱"，我们总要给自己留出一点时间，想一想生命的真正意义，听一听身体发出的声音。

性天澄彻，即饥餐渴饮，无非康济身心；心地
沉迷，纵演偈谈禅，总是播弄精魄。

【译文】

如果天性清澈纯真，即使饿了就吃饭、渴了就喝水，
也能保养身心；如果心地沉沦迷惑，纵然整天谈论佛经禅
理，也只是白费精神。

【点评】

养生重在养心，只要心无杂念，饥餐渴饮，顺其自然，
就能保养身心；禅悟重在心悟，如果心地沉迷，不管怎样
在形式上下工夫，也是白费力气。北宋大文豪苏轼天性旷
达超迈，精通佛理，喜欢与僧道往来，对养生之道也颇有
心得。他曾写过一首《留别金山宝觉、圆通二长老》诗：
"沐罢巾冠快晚凉，睡余齿颊带茶香。舣舟北岸何时渡，晞
发东轩未肯忙。康济此身殊有道，医治外物本无方。风流
二老长还往，顾我归期尚渺茫。"诗人即将离开金山，要与
老朋友分手了，依依不舍却又潇洒从容。他痛快地洗了个
澡，吹着清凉的晚风睡了一觉，醒来后齿颊之间还留有茶
的余香。小船停在北岸，等待行人渡江，他却在东窗前不
慌不忙地晾着头发，和二位长老殷勤话别：保养身体的办
法不在医方和药方之中，全靠自己体悟；洒脱放逸的二位
长老要常来常往，可惜我此番离去，归期渺茫。这是一位
"性天澄澈"的诗人写给高僧的离别诗，既讲修行之理，也

讲修身之法，落笔却率性随意、平白浅近。

天地中万物，人伦中万情，世界中万事，以俗眼观，纷纷各异；以道眼观，种种是常，何须分别，何须取舍。

【译文】

天地之间的万般生物，人类之间的万种情感，世界之中的万种事件，用凡夫俗子的眼力观看，纷繁众多，各不相同；用悟道之人的眼力观看，所有一切都是普普通通，平平常常，有什么必要去分别，有什么必要做取舍呢？

【点评】

道家思想认为，尽管世界如此纷繁，原来都是虚无的、浑然一体的"道"，那么，以道来看万物，就都是齐同的；佛教思想认为，世间一切都只是人心的幻象，芸芸众生在苦海中沉迷而不自知，能够看破空幻真相就是佛。《庄子·齐物论》中讲了一个"朝三暮四"的故事：养猕猴的老翁给猴子们分橡子，说："早上分三个，晚上分四个。"众猴全都发怒。老翁改口说："那就早上发四个，晚上发三个吧。"众猴全都高兴起来。分到手的橡子还是那么多，在猴子眼里却有天壤之别，让人觉得愚蠢可笑；只能用"俗眼"看世界、从而妄加分别的人，又何尝不是如此呢？此处所谓"道眼"，我们可以理解为观察生活的新态度。也许这种态度可以帮助我们消除过分强烈的竞争意识，活得更加从容。

缠脱只在自心，心了则屠肆糟糠①，居然净土②。不然，纵一琴一鹤，一花一竹，嗜好虽清，魔障终在③。语云："能休尘境为真境④，未了僧家是俗家。"

【注释】

①屠肆：屠宰场，肉市。糟糠：酒滓、谷皮等粗劣食物，贫者以之充饥。此处可以理解为酒店等场所。

②净土：佛教语。佛所居住的无尘世污染的清净世界。

③魔障：佛教语。修身的障碍。泛指成事的障碍、磨难。

④尘境：原为佛教语。佛教以色、声、香、味、触、法为六尘，因称现实世界为"尘境"。

【译文】

纠缠还是解脱，关键只在自己内心。如果内心能够了悟，那么肉市酒店也会变成一片清净世界。不然，纵然只有一琴一鹤相伴，只与一花一竹相对，嗜好虽然清雅，修身的障碍终会存在。俗语说："如能停止追名逐利，凡俗尘世也会成为真正的境界；如若不能了却尘缘，清静僧院也和世俗人家没有什么区别。"

【点评】

僧俗之别，不在外表的身份与形式，而在内心的修为与觉悟。如果不能了断各种欲念，即使身披袈裟遁入空门，也只是徒有其表而已。反之，那些身在红尘之中的凡夫俗子，如果有朝一日大彻大悟，即使不去落发修行，也是六根清净之人。《红楼梦》中，栊翠庵带发修行的女尼妙玉自命清高，认为"古人自汉晋五代唐宋以来皆无好诗"，只有"纵有千年铁门槛，终须一个土馒头"两句为好；世人庸碌愚顽，难以跨越这道门槛，自己则勘破生死、蹈于铁槛之外，故而在给宝玉贺寿的拜帖中以"槛外人"自居。宝玉不知道回帖上回个什么字样才能相敌，幸遇邢岫烟点拨，谦称自己是"槛内人"，以此满足妙玉之心。虽然妙玉自诩勘破生死，超然物外，精通琴棋雅道，能种出清幽绝俗的梅花，懂得搜集梅花上的积雪融水泡茶，其嗜好真是清雅至极。可是，对高雅、洁净、与众不同的过分追求，本身就是修行之人的魔障。妙玉的判词是"欲洁何曾洁，云空未必空。可怜金玉质，终陷淖泥中"，内心无法了断的俗念，正像她未曾割断的秀发，将其拖回她极力超脱的俗世。倒是生在"花柳繁华地，温柔富贵乡"中的贾宝玉，早已在心中种下一支《寄生草》，最终悬崖撒手，真正做到"赤条条来去无牵挂"。

试思未生之前有何象貌，又思既死之后有何景色，则万念灰冷，一性寂然，自可超物外而游象先。

【译文】

试着想想自己未出生之前是什么相貌，再想想死了之后会有怎样的景色，原来的万种念头都会冷却，心性也会变得沉静起来，自然可以超然优游于物象之外。

【点评】

"生我之前谁是我，生我之后我是谁？长大成人方知我，合眼朦胧又是谁？"据说，顺治皇帝曾在北京西山的寺院中写过一首题壁诗，诗中如此自问。这位贵为大地山河之主的帝王，痛感有生以来陷于无休无止的征战、繁重辛劳的国事以及人世间的悲欢离合，糊涂地生，昏迷地死，总因"我"被物欲污浊，被红尘蒙蔽。一旦悟彻生命无常的恒理，就可以正确地认识我、解脱我、成就我，做个"口中吃得清和味，身上常穿百衲衣"的出家之人，无牵无挂，洒脱自在。洪应明借用佛教的空无观念，提醒为功名利禄奔波的世人体悟生命的真相，从而放下对那些生不带来死不带去的名利的执著，达到道家追求的逍遥游的境界。

优人傅粉调朱①，效妍丑于毫端。俄而歌残场罢，妍丑何存？奕者争先竞后，较雌雄于着子。俄而局尽子收，雌雄安在？

【注释】
①优人：古代以乐舞、戏谑为业的艺人。
【译文】
演戏的艺人们涂抹铅粉、调敷胭脂，要在每个细微之处把美丽和丑陋表现到极致。不久之后，歌曲唱完了，演出散场了，那些美丽和丑陋哪里还会存在呢？下棋的人争占先机，唯恐落后，在每一个棋子上较量着胜负和强弱。不久之后，棋局结束，棋子收起，那些胜负强弱又在哪里呢？
【点评】
人生如演戏，世事似棋局，既然所有的表演终会曲终人散，既然所有的争斗都会尘埃落定，既然最终的结局都是归为虚无，那么此前一切的努力都必将失去任何意义。自古以来，无数哲士达人反反复复如是说。不过，过度强调虚无体验，生命的价值就会不可避免地遭遇消解，人就真有可能成为天地间的匆匆过客。所以，觉悟到虚伪争斗没有意义，就更应该静下心来欣赏人生之路上的美景。

把握未定，宜绝迹尘嚣，使此心不见可欲而不乱，以澄吾静体；操持既坚，又当混迹风尘，使此心见可欲而亦不乱，以养吾圆机。

【译文】

如果对世间俗念的控制力还不够确定，那就应该远离尘世的种种纷扰喧嚣，不使这颗心看见足以引起欲念的事物，从而不被扰乱，以使我宁静的本体保持澄清安定；如果对世间俗念的控制力已经十分坚定，那又应该使自己的行踪混杂在纷纷扰扰的大众之间，使这颗心看见足以引起欲念的事物却不被扰乱，以涵养我圆熟质朴的灵性。

【点评】

"白云相送出山来，满眼红尘拨不开。莫谓城中无好事，一尘一刹一楼台。"这是北宋临济宗五祖法演禅师所作《邑中州座偈》。法演既是道行高深的禅师，也是一位著名诗僧，经常穿行闹市，广度众生，这首偈语就是他在闹市弘法的感悟。法演在师父白云守端的引导启发下终于开悟，走出白云缭绕的深山，投身到红尘这个大道场中继续修己度人，所以首句"白云相送出山来"可谓一语双关。出得山来，置身俗世，自然"满眼红尘拨不开"，全看修行者的定力了。山中清净，可使修行者"心不见可欲而不乱"；城里喧嚣，充满各种扰乱人心的诱惑。道行深厚的佛家弟子却说，"莫谓城中无好事"，如果自己道心坚定纯净，不仅不用害怕会在红尘中受到污染，而且"一尘一刹一楼台"，每一个尘缘都是一片净土，都可以帮助自己到达一个更高尚的境界。

喜寂厌喧者，往往避人以求静。不知意在无人，便成我相①；心着于静，便是动根。如何到得人我一空、动静两忘的境界？

【注释】

①我相：佛教语。我、人等四相之一，指把轮回六道的自体当做真实存在的观点。佛教认为是烦恼之源。

【译文】

喜欢寂静、厌倦喧嚣的人，往往避开人群以求得安静。他们不知道，刻意寻求无人之境，便会把自己的存在看得过于重要；刻意在宁静中安放自己的心灵，实际上正是躁动的根源。这样怎能达到将他人与自我一起看空、将躁动与安静一起忘却的境界？

【点评】

真正的静，来自内心的安宁，而非刻意远离人世、离尘索居就能得来。王阳明有个学生，打算到深山中静心养性，王阳明开导他说："君子修身养性的学问，就像良医治病一样，应该根据病人的虚实寒热之症斟酌用药，或补或泄，唯以去病为目的，并没有一个适用于所有病人的固定药方。如果一心想要独坐空山，与世隔绝，屏除一切思虑，恐怕会在不知不觉间养成空洞枯寂的性情，就会不可避免地流于空寂了。"因此，唯有超越自我，才能达到人我一空、动静两忘之境。